BIBLIOTHÈQUE DE L'ÉCOLE DES HAUTES ÉTUDES,
PUBLIÉE SOUS LES AUSPICES DU MINISTÈRE DE L'INSTRUCTION PUBLIQUE.

BULLETIN
DES
SCIENCES MATHÉMATIQUES
ET
ASTRONOMIQUES,

RÉDIGÉ PAR MM. G. DARBOUX, J. HOÜEL ET J. TANNERY,

AVEC LA COLLABORATION DE

MM. ANDRÉ, BATTAGLINI, BELTRAMI, BOUGAIEF, BROCARD, GUNTHER, LAISANT,
LAMPE, LESPIAULT, MANSION, POTOCKI, RADAU, RAYET, WEYR, ETC.,

SOUS LA DIRECTION DE LA COMMISSION DES HAUTES ÉTUDES.

DEUXIÈME SÉRIE.

TOME . — 188 .

Toutes les communications doivent être adressées à M. *J. Hoüel,* Secrétaire de la rédaction, Professeur de Mathématiques pures à la Faculté des Sciences de Bordeaux

PARIS,
GAUTHIER-VILLARS, IMPRIMEUR-LIBRAIRE
DU BUREAU DES LONGITUDES, DE L'ÉCOLE POLYTECHNIQUE,
SUCCESSEUR DE MALLET-BACHELIER,
Quai des Augustins, 55.

188

PUBLICATIONS PÉRIODIQUES.

(Les abonnements sont annuels et partent de Janvier.)

†**ANNALES SCIENTIFIQUES DE L'ÉCOLE NORMALE SUPÉRIEURE.** In-4; mensuel. 2e série, t. IX; 1880.

Paris	30 fr.	Union postale	35 fr.
Départements	35 fr.	Autres pays	40 fr.

Les 7 volumes de la 1re Série, 1864-1870 se vendent ... 150 fr.

BULLETIN DE LA SOCIÉTÉ FRANÇAISE DE PHOTOGRAPHIE. Grand in-8 mensuel; 26e année; 1880.

Paris et les départements, 12 fr. — Étranger, 15 fr.

On peut se procurer à la même Librairie les *années antérieures*, sauf les années 1855 et 1856, au prix de 12 fr. l'une, — les *numéros séparés* au prix de 1 fr. 50 c. — et la **Table décennale** par ordre de matières et par noms d'auteurs des tomes I à X (1855 à 1864), au prix de 1 fr. 50 c.

BULLETIN DE LA SOCIÉTÉ MATHÉMATIQUE DE FRANCE, publié par les Secrétaires. Grand in-8; 6 numéros par an. T. VIII; 1880.

Paris	15 fr.	Union postale	16 fr.
Départements	16 fr.	Autres pays	18 fr.

BULLETIN HEBDOMADAIRE DE L'ASSOCIATION SCIENTIFIQUE DE FRANCE, fondé par Le Verrier, publié sous la direction du Président de la Société. In-8, t. XXV et XXVI.

Paris	15 fr.	Union postale	17 fr.
Départements	17 fr.	Autres pays	23 fr.

Les abonnements sont reçus au Secrétariat de l'Association, à la Sorbonne. Adresser par lettre affranchie un mandat de poste.

†**BULLETIN DES SCIENCES MATHÉMATIQUES ET ASTRONOMIQUES,** rédigé par MM. Darboux, Hoüel et Tannery avec la collaboration de plusieurs savants, sous la direction de la Commission des Hautes Études. Gr. in-8; mensuel. 2e Série, tome IV (en deux Parties); 1880.

Paris	18 fr.	Union postale	20 fr.
Départements	20 fr.	Autres pays	24 fr.

La **1re Série**, tomes I à XI, 1870 à 1876, se vend ... 90 fr.

COMPTES RENDUS HEBDOMADAIRES DES SÉANCES DE L'ACADÉMIE DES SCIENCES. In-4; hebdomadaire. Tomes XC et XCI; 1880.

Paris	20 fr.	Union postale	34 fr.
Départements	30 fr.	Autres pays	65 fr.

†**JOURNAL DE L'INDUSTRIE PHOTOGRAPHIQUE;** *organe de la Chambre syndicale de la Photographie.* Grand in-8, mensuel, 1re année; Tome I; 1880.

Paris, France et Étranger ... 7 fr.

†**JOURNAL DE MATHÉMATIQUES PURES ET APPLIQUÉES,** fondé par M. *Liouville* et rédigé par M. *Resal*, depuis 1875. In-4; mensuel. 3e Série, tome VI; 1880.

Paris	30 fr.	Union postale	35 fr.
Départements	35 fr.	Autres pays	40 fr.

1re Série, 20 volumes in-4, années 1836 à 1855 (au lieu de 600 fr.) 400 fr.
Chaque volume pris séparément (au lieu de 30 fr.) ... 25 fr.
2e Série, 19 volumes in-4, années 1856 à 1874 (au lieu de 570 fr.) 380 fr.
Chaque volume pris séparément (au lieu de 30 fr.) ... 25 fr.

JOURNAL DE PHYSIQUE THÉORIQUE ET APPLIQUÉE, publié par M. *d'Almeida*. Grand in-8, mensuel. Tome IX; 1880.

Paris	12 fr.	Union postale	14 fr.
Départements	14 fr.	Autres pays	17 fr.

JOURNAL DES ACTUAIRES FRANÇAIS, publié par le Cercle des Actuaires. Grand in-8, trimestriel. Tome IX; 1880.

Paris	20 fr.	Union postale	22 fr.
Départements	20 fr.	Autres pays	25 fr.

†**NOUVELLES ANNALES DE MATHÉMATIQUES,** rédigées par MM. *Gerono* et *Brisse*. In-8; mensuel. 2e Série, t. XIX; 1880.

Paris	15 fr.	Union postale	17 fr.
Départements	17 fr.	Autres pays	20 fr.

1re Série, 20 vol. in-8, années 1842 à 1861 ... 300 fr.

AMERICAN JOURNAL OF MATHEMATICS PURE AND APPLIED. Editor in chief Sylvester. Grand in-4; trimestriel. Tome III; 1880.

Paris et Union postale ... 30 fr.

On se charge des abonnements à toutes les publications scientifiques de la Franc et de l'Étranger.

6042 Paris. — Imprimerie de GAUTHIER-VILLARS, quai des Augustins, 55.

BULLETIN
DES SCIENCES MATHÉMATIQUES
ET ASTRONOMIQUES;

RÉDIGÉ PAR

MM. G. DARBOUX, J. HOÜEL ET J. TANNERY,

AVEC LA COLLABORATION

DE MM. ANDRÉ, BATTAGLINI, BELTRAMI, BOUGAÏEF, BROCARD, LAISANT, LAMPE, LESPIAULT, POTOCKI, RADAU, RAYET, WEYER, ETC.

SOUS LA DIRECTION DE LA COMMISSION DES HAUTES ÉTUDES.

« Faire connaître aux savants l'état de la branche des sciences qu'ils cultivent, ce qu'il reste à faire, et le point d'où ils doivent partir s'ils veulent lui faire faire des progrès », tel était le but que s'était proposé M. de Férussac en fondant son *Bulletin*, qui a rendu pendant plusieurs années de si grands services aux géomètres.

Le nouveau *Bulletin des Sciences mathématiques et astronomiques* se rattache directement, par le but et le plan, à cette utile publication; aussi a-t-il été accueilli avec la même faveur que son devancier.

Le *Bulletin des Sciences mathématiques et astronomiques*, fondé en 1870, a formé par an, jusqu'en 1872, un volume de 25 à 26 feuilles grand in-8 (tomes I, II, III). — A partir de cette époque, un accroissement considérable lui a été donné, sans augmentation de prix, et ce Journal s'est composé, depuis janvier 1873 jusqu'en décembre 1876, de 2 volumes par an (1 volume par semestre, avec Tables), comprenant en tout 42 feuilles grand in-8 environ. Les Tomes I à XI, 1870 à 1876, constituent la **1re Série.**

La **2e Série**, qui a commencé en janvier 1877, forme chaque année un Ouvrage de 48 feuilles au moins qui comprend 2 Parties ayant une pagination spéciale et pouvant se relier séparément. La première Partie contient : 1° *Comptes rendus de Livres et Analyses de Mémoires*; 2° *Mélanges scientifiques, Traductions de Mémoires importants et peu répandus, et Réimpression d'Ouvrages rares.* La deuxième Partie contient : *Revue des Publications académiques et périodiques.*

Les abonnements sont annuels et partent de janvier.

Prix pour un an (12 numéros) :

Paris..................................	18 fr.
Départements et Union postale............	20
Etats-Unis de l'Amérique du Nord..........	22
Autres pays............................	24

La **1re Série**, Tomes I à XI, 1870 à 1876, suivie de la Table générale des onze volumes, se vend.. **90 fr.**

Chaque année de la 1re Série se vend séparément.................. **15 fr.**

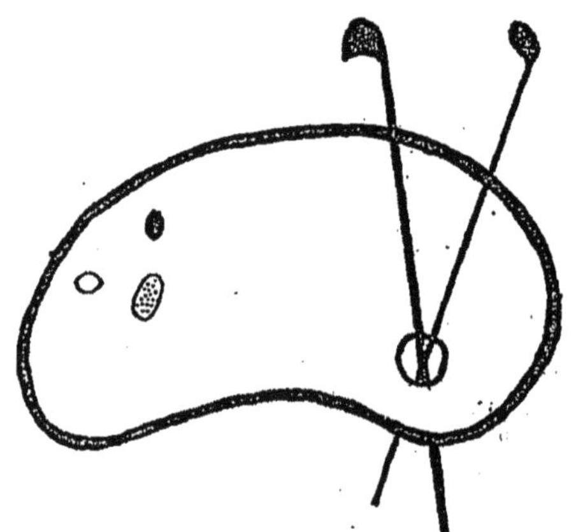

DEBUT D'UNE SERIE DE DOCUMENTS
EN COULEUR

CONSIDÉRATIONS

SUR

QUELQUES FORMULES INTÉGRALES

DONT

LES VALEURS PEUVENT ÊTRE EXPRIMÉES EN CERTAINS CAS PAR LA QUADRATURE DU CERCLE.

MÉMOIRE DE LÉONARD EULER,

PUBLIÉ CONFORMÉMENT AU MANUSCRIT AUTOGRAPHE;

PAR M. CHARLES HENRY.

PARIS,

GAUTHIER-VILLARS, IMPRIMEUR-LIBRAIRE

DU BUREAU DES LONGITUDES, DE L'ÉCOLE POLYTECHNIQUE,

SUCCESSEUR DE MALLET-BACHELIER,

Quai des Augustins, 55.

1881

CONSIDÉRATIONS

SUR

QUELQUES FORMULES INTÉGRALES

DONT

LES VALEURS PEUVENT ÊTRE EXPRIMÉES EN CERTAINS CAS PAR LA QUADRATURE DU CERCLE.

MÉMOIRE DE LÉONARD EULER,
PUBLIÉ CONFORMÉMENT AU MANUSCRIT AUTOGRAPHE.

Le manuscrit que nous publions est conservé à la Bibliothèque nationale de Paris sous le n° 14730 du fonds français; il compte seize feuillets écrits au recto et au verso et reliés entre six et quatre feuillets de garde.

Une note écrite sur le troisième feuillet de garde du commencement nous apprend qu'il a appartenu à Lagrange, qui le donna à Lacroix. Celui-ci en fit hommage à la Bibliothèque.

Ce Mémoire n'est pas mentionné dans le Catalogue des Œuvres inédites d'Euler rédigé par Fuss (1); mais Libri fait sans doute allusion à cet écrit

---

(1) *Correspondance mathématique et physique de quelques géomètres du* XVIII*e siècle.*

dans le passage suivant : « Il existe à Paris différents Mémoires inédits d'Euler; un de ces Mémoires se trouve à la Bibliothèque royale [1]. » Les autres Mémoires sont probablement ceux qui sont conservés à la Bibliothèque de l'Institut parmi les manuscrits de Lagrange [2].

En empruntant à ce travail la formule suivante,

$$\int dx\left(1\frac{1}{x}\right)^{\frac{1}{n}}\int dx\left(1\frac{1}{x}\right)^{\frac{2}{n}}\cdots\int dx\left(1\frac{1}{x}\right)^{\frac{n-1}{n}}$$

$$=\frac{1.2\ldots(n-1)}{n^{n-1}}\sqrt{\frac{2^{n-1}\pi^{n-1}}{n}},$$

Lacroix ajoute : « Ce beau théorème se trouve, mais sans démonstration, dans un Mémoire inédit d'Euler que M. Prony m'a communiqué [3]. » Toutefois, ce n'est pas là le seul emprunt de Lacroix; on s'en convaincra si l'on prend la peine de comparer les pages qui suivent avec les n^os **1169** et suivants, **1190**, **1196** et suivants du troisième volume du *Traité de Calcul différentiel et intégral*.

---

t. I, p. CXIX. Il est signalé pour la première fois dans l'introduction des *Commentationes arithmeticæ collectæ*, p. XI.

[1] *Journal des Savants*, année 1844, p. 389, note 1.

[2] Le tome II des manuscrits in-folio de Lagrange renferme (f° 108) un extrait de la théorie d'Euler sur la précession des équinoxes (t. XIII des *Novi Commentarii* de Saint-Pétersbourg).

Le tome IV des manuscrits in-4° renferme les écrits suivants :

Folio 110. Sur l'arrangement des verres dans les lunettes pour faire disparaître les couleurs d'Iris.

Folio 50. Considérations sur la sommation de certaines séries.

Folio 170. Construction d'un télescope sans verres.

Folio 62. Détermination de ma méthode générale de déterminer le mouvement d'une corde quel qu'ait été son état initial.

Folio 132. Méthode pour rendre les lunettes à plusieurs verres aussi parfaites qu'il est possible.

Folio 68. Des microscopes.

Folio 148. Moyens de perfectionner les lunettes à 4 verres en y ajoutant encore quelques verres.

Folio 115. Recherches sur le lieu de l'œil qu'exige le champ apparent.

Folio 92. Recherches sur les moyens de perfectionner les lunettes astronomiques.

Folio 163. Recherches sur les moyens de délivrer les télescopes et les microscopes de la confusion causée par la différente réfrangibilité des rayons.

Folio 47. Lettre à Bernoulli, 1773. (Extrait par Lagrange.)

Folio 4-34, folio 40-46. Lettres à Lagrange.

[3] *Traité de Calcul différentiel et intégral*, t. III, p. 480. Paris, 1819.

Ce Mémoire a été publié en 1862 par l'Académie des Sciences de Saint-Pétersbourg ([1]); cependant nous n'hésitons pas à le réimprimer d'après l'autographe, vu l'intérêt tout particulier de la matière et l'absence complète de la publication dans les bibliothèques publiques de Paris.

C. H.

MANUSCRIT ([2]).

1. Toute formule differentielle rationelle peut etre integrée par le moyen des logarithmes et de la quadrature du cercle. Or ces integrales sont pour la plus part renfermées dans des formules d'autant plus compliquées, plus la variable contient de dimensions : cependant quand on donne à la variable après l'integration une certaine valeur determinée, il peut arriver que les integrales, quelques compliquées qu'elles soient, se reduisent à des formules assés simples, qui semblent meriter une attention tout particulière. Il y a aussi des formules integrales, qui en general surpassent toutes les quadratures connues, et qui cependant en certains cas sont reductibles à la quadrature du cercle. Je me propose ici de considerer quelques unes de ces formules, et d'examiner les consequences, qu'on en peut tirer pour l'avancement de l'Analyse.

2. Je commencerai par considerer cette formule integrale $\int \frac{x^{m-1}dx}{1+x^n}$, en cherchant son integrale dans le cas, où l'on pose après l'integration $x = \infty$ ayant pris l'integrale en sorte, qu'elle evanouïsse en posant $x = 0$. Dans ce cas on trouvera que la partie de l'integrale, qui depend des logarithmes evanouït, et que l'autre, qui depend de la quadrature du cercle se reduit à une expression fort simple. Car posant π pour la demi-circonférence d'un cercle, dont le rayon est $= 1$, de sorte que π marque en meme tems la mesure de deux angles droits, on trouve en posant après l'integra-

---

([1]) *Opera postuma Leonhardi Euleri mathematica et physica*, t. I, p. 408-438.

([2]) Euler écrit presque toujours *si* au lieu de *sin*, *tag* avec un signe abréviatif sur l'*a* au lieu de *tang*.

tion $x = \infty$:

$$\int \frac{dx}{1+xx} = \frac{\pi}{2}; \quad \int \frac{dx}{1+x^3} = \frac{2\pi}{3\sqrt{3}}; \quad \int \frac{x\,dx}{1+x^3} = \frac{2\pi}{3\sqrt{3}};$$

$$\int \frac{dx}{1+x^4} = \frac{\pi}{2\sqrt{2}}; \quad \int \frac{x\,dx}{1+x^4} = \frac{\pi}{4}; \quad \int \frac{xx\,dx}{1+x^3} = \frac{\pi}{2\sqrt{2}};$$

$$\int \frac{dx}{1+x^6} = \frac{\pi}{3}; \quad \int \frac{x\,dx}{1+x^6} = \frac{\pi}{3\sqrt{3}}; \quad \int \frac{xx\,dx}{1+x^6} = \frac{\pi}{6};$$

$$\int \frac{x^3\,dx}{1+x^6} = \frac{\pi}{3\sqrt{3}}; \quad \int \frac{x^4\,dx}{1+x^6} = \frac{\pi}{3}.$$

3. Les cas particuliers semblent dejà suffisans pour pouvoir en tirer par la voye d'induction une conclusion plus generale : car dans les cas du denominateur $1+x^3$ le radical $\sqrt{3}$ fait voir que le sinus de l'angle $\frac{\pi}{3}$ y entre; et dans ceux du denominateur $1+x^4$ le radical $\sqrt{2}$ y est sans doute, puisque si $\frac{\pi}{4} = \frac{1}{\sqrt{2}}$: ce meme soupçon se confirme par les cas, où le denominateur est $1+x^6$. De là nous pourrons conclure qu'il y aura

$$\int \frac{dx}{1+x^n} = \frac{\pi}{n \text{ si } \frac{\pi}{n}}$$

et encore plus generalement

$$\int \frac{x^{m-1}\,dx}{1+x^n} = \frac{\pi}{n \text{ si } \frac{m\pi}{n}}$$

pourvu que le nombre m ne surpasse pas n. Car dans les cas où $m > n$ on sait d'ailleurs que ces formules demandent un developpement particulier, puisque leur integrale renferme alors une partie algebrique.

4. Cette conclusion se trouve tout à fait confirmée, quand on se donne la peine de developper l'integrale des formules $\int \frac{dx}{1+x^5}$, $\int \frac{x\,dx}{1+x^5}$, $\int \frac{xx\,dx}{1+x^5}$ etc. de sorte qu'il ne sauroit rester aucun

doute là dessus. On remarque encore un parfait accord dans les cas, où $m = n$, car puisque alors si $\frac{m\pi}{n} = \text{si}\,\pi = 0$, l'integrale dans le cas $x = \infty$ devient effectivement infini : ce qui est evident; car $\int \frac{x^{n-1}dx}{1+x^n} = \frac{1}{n}\,\mathrm{l}(1+x^n)$, et posant $x = \infty$, la valeur de l'integrale devient infinie. Le meme accord s'observe lorsque $n = 2m$, et partant si $\frac{m\pi}{n} = \text{si}\,\frac{\pi}{2} = 1$. Car il est clair que $\int \frac{x^{m-1}dx}{1+x^{2m}} = \frac{\pi}{2m}$ en posant $x = \infty$. On n'a qu'à mettre $x^m = y$, pour avoir $\int \frac{x^{m-1}dx}{1+x^{2m}} = \frac{1}{m}\int \frac{dy}{1+yy} = \frac{1}{m}\,\text{A tág}\,y$: maintenant posant $x = \infty$ et partant aussi $y = \infty$, à cause de $\text{A tág}\,\infty = \frac{\pi}{2}$, l'integrale sera $= \frac{\pi}{2m}$. Ce sera donc une verité suffisament constatée, que

$$\int \frac{x^{m-1}dx}{1+x^n} = \frac{\pi}{n\,\text{si}\,\frac{m\pi}{n}}$$

en posant apres l'integration $x = \infty$ pourvu que m ne soit pas plus grand que n.

5. Cependant cette verité se peut aussi deduire de l'integration indefinie de la formule

$$\int \frac{x^{m-1}dx}{1+x^n}$$

dont l'integrale se trouve exprimée en sorte

$$-\frac{1}{n}\cos\frac{m\pi}{n}\,\mathrm{l}\left(1-2x\cos\frac{\pi}{n}+xx\right)+\frac{2}{n}\,\text{si}\,\frac{m\pi}{n}\,\text{A tág}\,\frac{x\,\text{si}\,\frac{\pi}{n}}{1-x\cos\frac{\pi}{n}}$$

$$-\frac{1}{n}\cos\frac{3m\pi}{n}\,\mathrm{l}\left(1-2x\cos\frac{3\pi}{n}+xx\right)+\frac{2}{n}\,\text{si}\,\frac{3m\pi}{n}\,\text{A tág}\,\frac{x\,\text{si}\,\frac{3\pi}{n}}{1-x\cos\frac{3\pi}{n}}$$

$$-\frac{1}{n}\cos\frac{5m\pi}{n}\,\mathrm{l}\left(1-2x\cos\frac{5\pi}{n}+xx\right)+\frac{2}{n}\,\text{si}\,\frac{5m\pi}{n}\,\text{A tág}\,\frac{x\,\text{si}\,\frac{5\pi}{n}}{1-x\cos\frac{5\pi}{n}}$$

$$-\frac{1}{n}\cos\frac{7m\pi}{n}\,l\left(1-2x\cos\frac{7\pi}{n}+xx\right)+\frac{2}{n}\,\text{si}\,\frac{7m\pi}{n}\,\text{A tág}\,\frac{x\,\text{si}\,\frac{7\pi}{n}}{1-x\cos\frac{7\pi}{n}}$$

etc.

et il faut continuer ces formules jusqu'à ce que l'angle $\frac{i\pi}{n}$, où i marque un nombre impair quelconque, commence à surpasser π. Or quand n est un nombre impair et que dans le dernier membre on a $i=n$, et partant $\cos\frac{i\pi}{n}=-1$, il ne faut prendre que la moitié du dernier membre ou mettre $l(1+x)$ au lieu de $l(1+2x+xx)$.

6. Tirons de là les integrales pour les cas particuliers, et d'abord si $n=1$ et $m=1$ nous aurons

$$\int\frac{dx}{1+x}=l(1+x).$$

II. Soit $n=2$ et nous aurons

$$\text{si } m=1,\quad \int\frac{dx}{1+xx}=\frac{2}{2}\,\text{si}\,\frac{\pi}{2}\,\text{A tág}\,\frac{x\,\text{si}\,\pi}{1-x\cos\frac{\pi}{2}}$$

$$\text{si } m=2,\quad \int\frac{xdx}{1+xx}=\frac{1}{2}\,l(1+xx).$$

III. Soit $n=3$ et nous aurons,

si $m=1$,

$$\int\frac{dx}{1+x^3}=-\frac{1}{3}\cos\frac{\pi}{3}\,l\left(1-2x\cos\frac{\pi}{3}+xx\right)$$

$$+\frac{2}{3}\,\text{si}\,\frac{\pi}{3}\,\text{A tág}\,\frac{x\,\text{si}\,\frac{\pi}{3}}{1-x\cos\frac{\pi}{3}}-\frac{1}{3}\cos\frac{3\pi}{3}\,l(1+);$$

si $m=2$,

$$\int\frac{xdx}{1+x^3}=-\frac{1}{3}\cos\frac{2\pi}{3}\,l\left(1-2x\cos\frac{\pi}{3}+xx\right)$$

$$+\frac{2}{3}\,\text{si}\,\frac{2\pi}{3}\,\text{A tág}\,\frac{x\,\text{si}\,\frac{\pi}{3}}{1-x\cos\frac{\pi}{3}}-\frac{1}{3}\cos\frac{6\pi}{3}\,l(1+x);$$

si $m = 3$.

$$\int \frac{xxdx}{1+x^3} = -\frac{1}{3}\cos\frac{3\pi}{3}\,\mathrm{l}\left(1 - 2x\cos\frac{\pi}{3} + xx\right)$$

$$+\frac{2}{3}\,\mathrm{si}\frac{3\pi}{3}\,\mathrm{A\,tág}\,\frac{x\,\mathrm{si}\frac{\pi}{3}}{1 - x\cos\frac{\pi}{3}} - \frac{1}{3}\cos\frac{9\pi}{3}\,\mathrm{l}(1+x)$$

ou bien à cause de $\cos\frac{3\pi}{3} = -1$; $\cos\frac{9\pi}{3} = -1$; $\mathrm{si}\frac{3\pi}{3} = 0$, et $\cos\frac{\pi}{3} = \frac{1}{2}$:

$$\int \frac{xxdx}{1+x^3} = \frac{1}{3}\mathrm{l}(1 - x + xx) + \frac{1}{3}\mathrm{l}(1+x) = \frac{1}{3}\mathrm{l}(1+x^3).$$

7. Dans tous ces cas particuliers, il est aisé de voir que posant $x = \infty$ les integrales deviennent parfaitement d'accord avec la formule generale donnée cy dessus. Mais pour demontrer son accord en general, il faut faire voir que toutes les parties logarithmiques se detruisent necessairement et que les autres, qui renferment des arcs de cercles, se reduisent à $\frac{\pi}{n\,\mathrm{si}\frac{m\pi}{n}}$. Pour cet effet, il faut ici distinguer deux cas selon que n est un nombre pair ou impair; soit donc premierement $n = 2k$, et posant $x = \infty$, puisque tous les logarithmes deviennent egaux, il faut montrer que la somme de cette progression est egale à zero :

$$\cos\frac{m\pi}{2k} + \cos\frac{3m\pi}{2k} + \cos\frac{5m\pi}{2k} \ldots + \cos\frac{(2k-5)m\pi}{2k}$$

$$+ \cos\frac{(2k-3)m\pi}{2k} + \cos\frac{(2k-1)m\pi}{2k},$$

m etant un nombre entier. Posons pour abreger $\frac{m\pi}{2k} = \varphi$, et il s'agit de demontrer

$$\cos\varphi + \cos 3\varphi + \cos 5\varphi + \ldots + \cos(2k-1)\varphi = 0.$$

8. Posons pour chercher la somme de cette progression

$$S = \cos\varphi + \cos 3\varphi + \cos 5\varphi + \ldots + \cos(2k-1)\varphi$$

et multipliant par $\sin\varphi$ à cause de

$$\sin\varphi\cos\alpha\varphi = -\frac{1}{2}\sin(\alpha-1)\varphi + \frac{1}{2}\sin(\alpha+1)\varphi;$$

nous aurons

$$S\sin\varphi = \frac{1}{2}\sin 2\varphi + \frac{1}{2}\sin 4\varphi + \frac{1}{2}\sin 6\varphi \ldots + \frac{1}{2}\sin(2k-2)\varphi + \frac{1}{2}\sin 2k\varphi$$
$$-\frac{1}{2}\sin 2\varphi - \frac{1}{2}\sin 4\varphi - \frac{1}{2}\sin 6\varphi \ldots - \frac{1}{2}\sin(2k-2)\varphi$$

et puisque tous les termes à l'exception du dernier se detruisent

$$S\sin\varphi = \frac{1}{2}\sin 2k\varphi \quad \text{donc } S = \frac{\sin 2k\varphi}{2\sin\varphi}.$$

Or ayant $\varphi = \frac{m\pi}{2k}$, il devient $2k\varphi = m\pi$, et puisque m est un nombre entier, $\sin 2k\varphi = \sin m\pi = 0$, de sorte que la somme de la progression proposée est effectivement $= 0$. Si le nombre n est impair $= 2k+1$, posant $\frac{m\pi}{2k+1} = \varphi$, il faut demontrer que :

$$\cos\varphi + \cos 3\varphi \ldots + \cos(2k-1)\varphi + \frac{1}{2}\cos m\pi = 0.$$

Or par la sommation precedente cette somme est $\frac{\sin 2k\varphi}{2\sin\varphi} + \frac{1}{2}\cos m\pi$ $= \frac{\sin 2k\varphi}{2\sin\varphi} + \frac{1}{2}\cos(2k+1)\varphi$; et à cause de

$$\sin 2k\varphi = \sin(2k+1)\varphi\cos\varphi - \cos(2k+1)\varphi\sin\varphi$$

cette somme sera $= \frac{\sin(2k+1)\varphi\cos\varphi}{2\sin\varphi}$. Mais puisque $(2k+1)\varphi = m\pi$, il est evident que cette somme est egale à zero.

9. Ayant donc demontré que posant $x = \infty$ les parties logarithmiques de notre integrale $\int\frac{x^{m-1}dx}{1+x^n}$ se detruisent, il faut chercher la valeur totale des parties qui renferment les arcs de cercle. Or chacun de ces arcs étant compris dans cette forme A tág $\frac{x\sin\varphi}{1-x\cos\varphi}$, on voit que posant $x = 0$ ces arcs evanouïssent

comme la condition de l'integration exige; ensuite en augmentant x jusqu'à devenir $x=\frac{1}{\cos\varphi}$, cet angle devient droit et si l'on augmente x au delà, il faut qu'il devienne obtus. Donc posant $x=\infty$, on aura $\text{A tág}\frac{x\,\text{si}\,\varphi}{1-x\cos\varphi}=\text{A tág}\frac{-\text{si}\,\varphi}{\cos\varphi}=\pi-\varphi$, et partant toutes les parties qui renferment des arcs de cercle, prises ensemble, seront

$$\frac{2}{n}\pi\left(\text{si}\frac{m\pi}{n}+\text{si}\frac{3m\pi}{n}+\text{si}\frac{5m\pi}{n}+\text{si}\frac{7m\pi}{n}\text{ etc.}\right)$$
$$-\frac{2\pi}{nn}\left(\text{si}\frac{m\pi}{n}+3\,\text{si}\frac{m\pi}{n}+5\,\text{si}\frac{m\pi}{n}+7\,\text{si}\frac{m\pi}{n}\text{ etc.}\right):$$

il s'agit donc de trouver la somme de ces deux progressions.

10. Soit premierement n un nombre pair ou $n=2k$, et posant $\frac{m\pi}{2k}=\varphi$, la premiere progression sera

$$\text{si}\varphi+\text{si}3\varphi+\text{si}5\varphi\ldots+\text{si}(2k-1)\varphi=\text{S},$$

qui, etant multipliée par siφ donne

$$\frac{1}{2}-\frac{1}{2}\cos2\varphi-\frac{1}{2}\cos4\varphi-\frac{1}{2}\cos6\varphi\ldots-\frac{1}{2}\cos2k\varphi$$
$$=\text{S}\,\text{si}\varphi+\frac{1}{2}\cos2\varphi+\frac{1}{2}\cos4\varphi+\frac{1}{2}\cos6\varphi\ldots,$$

d'où l'on tire $\text{S}=\frac{1-\cos2k\varphi}{2\,\text{si}\varphi}=\frac{1-\cos m\pi}{2\,\text{si}\frac{m\pi}{2k}}$.

Or ayant trouvé cy dessus :

$$\cos\varphi+\cos3\varphi+\cos5\varphi+\ldots+\cos(2k-1)\varphi=\frac{\text{si}2k\varphi}{2\,\text{si}\varphi}$$

la differentiation donne

$$\text{si}\varphi+3\,\text{si}3\varphi+5\,\text{si}5\varphi\ldots+(2k-1)\,\text{si}(2k-1)\varphi$$
$$=\frac{2k\cos2k\varphi}{2\,\text{si}\varphi}+\frac{\text{si}2k\varphi}{2\,\text{si}\varphi^2}.$$

Posons maintenant $\zeta = \frac{m\pi}{n}$, et à cause de $2k = n$, nos deux progressions seront

$$\frac{2\pi}{n} \cdot \frac{1 - \cos m\pi}{2 \sin \frac{m\pi}{n}} - \frac{2\pi}{nn}\left[-\frac{n \cos m\pi}{2 \sin \frac{m\pi}{n}} + \frac{\sin m\pi}{2 \sin\left(\frac{m\pi}{n}\right)^2}\right]$$

dont la reduction donne

$$\frac{\pi}{n \sin \frac{m\pi}{n}}\left(1 - \frac{\sin m\pi}{n \sin \frac{m\pi}{n}}\right) = \frac{\pi}{n \sin \frac{m\pi}{n}}$$

à cause de $\sin m\pi = 0$.

La meme valeur se trouve quand n est un nombre impair.

11. Voilà donc incontestablement demontré que l'integrale de notre formule differentielle $\frac{x^{m-1}dx}{1+x^n}$, en posant $x = \infty$, est $= \frac{\pi}{n \sin \frac{m\pi}{n}}$, tout comme nous avons deja conclu par induction. La meme valeur aura donc aussi lieu de quelque maniere qu'on transforme la formule differentielle; posons donc $x = \frac{z}{\sqrt[n]{(1 - z^n)}}$, où l'on remarque que, posant $z = 0$, il devient aussi $x = 0$, mais x croît à l'infini en posant $z = 1$ et nous aurons $dx = \frac{dz}{\sqrt[n]{(1 - z^n)^{n+1}}}$, $1 + x^n = \frac{1}{1 - z^n}$.

Donc $\frac{dx}{1 + x^n} = \frac{dz}{\sqrt[n]{(1 - z^n)}}$ et $\frac{x^{m-1}dx}{1 + x^n} = \frac{z^{m-1}dz}{\sqrt[n]{(1 - z^n)^m}}$.

Par consequent posant après l'integration $z = 1$, ayant pris l'integrale en sorte qu'elle evanouïsse au cas $z = 0$, on aura, pourvu que m ne surpasse pas n,

$$\int \frac{z^{m-1}dz}{\sqrt[n]{(1 - z^n)^m}} = \frac{\pi}{n \sin \frac{m\pi}{n}}.$$

12. De là nous tirons pour des cas particuliers les suivantes

valeurs integrales quand on met après l'integration $z = 1$:

$$\int \frac{dz}{\sqrt{(1-zz)}} = \frac{\pi}{2 \,\mathrm{si}\, \frac{\pi}{2}}$$

$$\int \frac{dz}{\sqrt[3]{(1-z^3)}} = \frac{\pi}{3 \,\mathrm{si}\, \frac{\pi}{3}}; \quad \int \frac{zdz}{\sqrt[3]{(1-z^3)^2}} = \frac{\pi}{3 \,\mathrm{si}\, \frac{2\pi}{3}};$$

$$\int \frac{dz}{\sqrt[4]{(1-z^4)}} = \frac{\pi}{4 \,\mathrm{si}\, \frac{\pi}{4}}; \quad \int \frac{zzdz}{\sqrt[4]{(1-z^3)^3}} = \frac{\pi}{4 \,\mathrm{si}\, \frac{3\pi}{4}};$$

$$\int \frac{dz}{\sqrt[5]{(1-z^5)}} = \frac{\pi}{5 \,\mathrm{si}\, \frac{\pi}{5}}; \quad \int \frac{zdz}{\sqrt[5]{(1-z^5)^2}} = \frac{\pi}{5 \,\mathrm{si}\, \frac{2\pi}{5}};$$

$$\int \frac{zzdz}{\sqrt[5]{(1-z^5)^3}} = \frac{\pi}{5 \,\mathrm{si}\, \frac{3\pi}{5}}; \quad \int \frac{z^3dz}{\sqrt[5]{(1-z^5)^4}} = \frac{\pi}{5 \,\mathrm{si}\, \frac{4\pi}{5}};$$

$$\int \frac{dz}{\sqrt[6]{(1-z^6)}} = \frac{\pi}{6 \,\mathrm{si}\, \frac{\pi}{6}}; \quad \int \frac{z^4 dz}{\sqrt[6]{(1-z^6)^5}} = \frac{\pi}{6 \,\mathrm{si}\, \frac{5\pi}{6}}.$$

Ces integrales sont d'autant plus remarquables, qu'il nous manquent encore des methodes, pour les trouver assés promtement car la sommation des progressions, dont je me suis servi, paroit un peu trop étrangère à ce sujet.

13. Puisque donc $\frac{\pi}{n \,\mathrm{si}\, \frac{m\pi}{n}}$ est egale à cette integrale $\int \frac{z^{m-1}dz}{\sqrt[n]{(1-z^n)^m}}$, posant $z = 1$, cherchons la valeur de cette integrale par une serie, qui à cause de $(1-z^n)-\frac{m}{n} = 1 + \frac{m}{n} z^n + \frac{m(m+n)}{n.2n} z^{2n} +$ etc. fournira pour $\frac{\pi}{n \,\mathrm{si}\, \frac{m\pi}{n}}$ cette serie :

$$\frac{\pi}{n \,\mathrm{si}\, \frac{m\pi}{n}} = \frac{1}{m} + \frac{m}{n(m+n)} + \frac{m(m+n)}{n.2n(m+2n)} + \frac{m(m+n)(m+2n)}{n.2n.3n(m+3n)} \text{ etc.}$$

Ensuite la meme formule integrale pouvant être exprimée par le produit d'une infinité de facteurs, nous aurons aussi

$$\frac{\pi}{n \operatorname{si} \frac{m\pi}{n}} = \frac{1}{n-m} \cdot \frac{nn}{m(2n-m)} \cdot \frac{4nn}{(m+n)(3n-m)} \cdot \frac{9nn}{(m+2n)(4n-m)} \cdot \text{etc.}$$

l'une et l'autre expression etant continuée à l'infini.

De là prenant $m = 1$ et $n = 2$ à cause de $\operatorname{si} \frac{\pi}{2} = 1$, nous tirons d'abord l'expression de Wallis pour la quadrature du cercle

$$\frac{\pi}{2} = \frac{2.2}{1.3} \cdot \frac{4.4}{3.5} \cdot \frac{6.6}{5.7} \cdot \frac{8.8}{7.9} \cdot \frac{10.10}{9.11} \text{ etc.}$$

Or mettant $m = 1$ et $n = 6$ à cause de $\operatorname{si} \frac{\pi}{6} = \frac{1}{2}$, on aura

$$\frac{\pi}{3} = \frac{1}{5} \cdot \frac{6.6}{1.11} \cdot \frac{12.12}{7.17} \cdot \frac{18.18}{13.23} \cdot \frac{24.24}{19.29} \text{ etc.}$$

ou bien

$$\pi = \frac{16}{5} \cdot \frac{6.12}{7.11} \cdot \frac{12.18}{13.17} \cdot \frac{18.24}{19.23} \cdot \frac{24.30}{25.29} \text{ etc.}$$

14. Ces produits etant les memes que ceux que j'ai trouvés dans mon Introduction ([1]), nous voyons déjà une autre route, qui nous pourroit conduire à la decouverte de ces integrales. Or j'avois trouvé

$$\sin \frac{m\pi}{n} = \frac{m\pi}{n}\left(1 - \frac{mm}{nn}\right)\left(1 - \frac{mm}{4nn}\right)\left(1 - \frac{mm}{9nn}\right)\left(1 - \frac{mm}{16nn}\right) \text{ etc.}$$

et

$$\cos \frac{m\pi}{n} = \left(1 - \frac{4mm}{nn}\right)\left(1 - \frac{4mm}{9nn}\right)\left(1 - \frac{4mm}{25nn}\right)\left(1 - \frac{4mm}{49nn}\right) \text{ etc.}$$

dont la premiere donne :

$$\frac{\pi}{n \operatorname{si} \frac{m\pi}{n}} = \frac{1}{m} \cdot \frac{nn}{(n-m)(n+m)} \cdot \frac{4nn}{(2n-m)(2n+m)} \cdot \frac{9nn}{(3n-m)(3n+m)} \text{ etc.}$$

([1]) *Introductio in Analysin Infinitorum.* Lausannæ, 1758, 2 vol. in-4°.

où si nous mettons $n-m$ au lieu de m, puisque

$$\text{si}\,\frac{(n-m)\pi}{n}=\text{si}\,\frac{m\pi}{n},$$

nous aurons :

$$\frac{\pi}{n\,\text{si}\,\frac{m\pi}{n}}=\frac{1}{n-m}\cdot\frac{nn}{m(2n-m)}\cdot\frac{4nn}{(m+n)(3n-m)}\cdot\frac{9nn}{(m+2n)(4n-m)}\;\text{etc.}$$

qui est la meme, que celle que nous venons de trouver. Nous serions donc parvenu aux memes integrations, si nous avions d'abord cherché une formule integrale, dont la valeur dans un certain cas seroit égale à ce produit infini de facteurs. Or j'avois autrefois donné une methode d'exprimer la valeur de quelques formules integrales en certains cas par de tels produits; et il ne s'agit à cette heure, que de renverser cette methode et de passer de tels produits à des formules integrales.

15. Or j'avois demontré que posant après l'integration $x=1$ il y aura :

$$\int x^{\alpha-1}dx\,(1-x^{\mu})^{\frac{\nu-\mu}{\mu}}$$
$$=\frac{1}{\nu}\cdot\frac{\mu(\alpha+\nu)}{\alpha(\mu+\nu)}\cdot\frac{2\mu(\alpha+\nu+\mu)}{(\alpha+\mu)(2\mu+\nu)}\cdot\frac{3\mu(\alpha+\nu+2\mu)}{(\alpha+2\mu)(3\mu+\nu)}\;\text{etc.}$$

Ensuite j'avois aussi exprimé le rapport de deux formules integrales, par un tel produit; et, posant après l'integration $x=1$, on aura

$$\frac{\int x^{\alpha-1}dx(1-x^{\mu})^{\frac{\nu-\mu}{\mu}}}{\int x^{6-1}dx(1-x^{\mu})^{\frac{\mu-\nu}{\mu}}}$$
$$=\frac{6(\alpha+\nu)}{\alpha(6+\nu)}\cdot\frac{(6+\mu)(\alpha+\nu+\mu)}{(\alpha+\mu)(6+\nu+\mu)}\cdot\frac{(6+2\mu)(\alpha+\nu+2\mu)}{(\alpha+2\mu)(6+\nu+2\mu)}\;\text{etc.}$$

et encore plus generalement

$$\frac{\int x^{\alpha-1}dx(1-x^{\mu})^{\frac{\nu-\mu}{\mu}}}{\int x^{6-1}dx(1-x^{\mu})^{\frac{\lambda-\mu}{\mu}}}$$

$$=\frac{\lambda}{\nu}\cdot\frac{6(\alpha+\nu)(\lambda+\mu)}{\alpha(6+\lambda)(\nu+\mu)}\cdot\frac{(6+\mu)(\alpha+\nu+\mu)(\lambda+2\mu)}{(\alpha+\mu)(6+\lambda+\mu)(\nu+2\mu)}$$

$$\times\frac{(6+2\mu)(\alpha+\nu+2\mu)(\lambda+3\mu)}{(\alpha+2\mu)(6+\lambda+2\mu)(\nu+3\mu)}\text{etc.}$$

Donc un tel produit étant proposé, on pourra reciproquement trouver une formule integrale, ou le rapport de deux, dont la valeur au cas $x=1$ lui soit égale.

16. Soit donc proposé ce produit à l'infini

$$\frac{nn}{m(2n-m)}\cdot\frac{2n.2n}{(m+n)(3n-m)}\cdot\frac{3n.3n}{(m+2n)(4n-m)}\cdot\text{etc.}$$

dont nous savons la valeur $=\frac{(n-m)\pi}{n\sin\frac{m\pi}{n}}$, que nous comparerons avec celui-cy :

$$\frac{\mu(\alpha+\nu)}{\alpha(\mu+\nu)}\cdot\frac{2\mu(\alpha+\nu+\mu)}{(\alpha+\mu)(2\mu+\nu)}\cdot\frac{3\mu(\alpha+\nu+2\mu)}{(\alpha+2\mu)(3\mu+\nu)}\text{ etc.}$$

dont la valeur est $=\nu\int x^{\alpha-1}dx(1-x^{\mu})^{\frac{\nu-\mu}{\mu}}$ au cas $x=1$, et puisque l'accroissement des facteurs est là $=n$, et ici $=\mu$, nous aurons d'abord $\mu=n$: donc $\alpha+\nu=n$; et pour le denominateur ou $\alpha=m$ et $\mu+\nu=2n-m$; ou $\mu+\nu=m$ et $\alpha=2n-m$. Au premier cas nous avons $\alpha=m$; $\mu=n$; $\nu=n-m$, et à l'autre $\alpha=2n-m$; $\mu=n$; $\nu=m-n$, de sorte que nous ayons ou

$$\frac{(n-m)\pi}{n\sin\frac{m\pi}{n}}=(n-m)\frac{\int x^{m-1}dx}{(1-x^{n})^{\frac{m}{n}}}$$

ou

$$\frac{(n-m)\pi}{n\,\mathrm{si}\,\frac{m\pi}{n}} = (m-n)\int \frac{x^{2n-m-1}\,dx}{(1-x^n)^{\frac{2n-m}{n}}}$$

dont celle-cy ne sauroit avoir lieu tant que $\frac{2n-m}{n} > 1$ ou $n > m$, puisqu'alors l'integrale renferme encore une partie infinie.

17. Voilà donc une autre route pour montrer que la valeur de cette integrale $\int \frac{x^{m-1}\,dx}{(1-x^n)^{\frac{m}{n}}}$ au cas $x = 1$ est $= \frac{\pi}{n\,\mathrm{si}\,\frac{m\pi}{n}}$.

D'abord par la réduction des integrales à des produits infinis, on aura à cause de $\alpha = m$; $\mu = n$, $\nu - \mu = -m$, ou $\nu = n - m$.

$$\int \frac{x^{m-1}\,dx}{(1-x^n)^{\frac{m}{n}}} = \frac{1}{n-m} \cdot \frac{nn}{m(2n-m)} \cdot \frac{2n.2n}{(m+n)(3n-m)} \cdot \frac{3n.3n}{(m+2n)(4n-m)} \cdot \text{etc.}$$

Ensuite par la resolution generale en facteurs, que j'ai enseignée dans l'Introduction à l'Analyse on voit que ce meme produit exprime la valeur de $\frac{\pi}{n\,\mathrm{si}\,\frac{m\pi}{n}}$. Si nous mettons $n - m$ au lieu de m, nous aurons :

$$\int \frac{x^{n-m-1}\,dx}{(1-x^n)^{\frac{n-m}{n}}} = \frac{1}{m} \cdot \frac{nn}{nn-mm} \cdot \frac{4nn}{4nn-mm} \cdot \frac{9nn}{9nn-mm} \cdot \text{etc.}$$

et par conséquent, à cause de $\mathrm{si}\,\frac{(n-m)\pi}{n} = \mathrm{si}\,\frac{m\pi}{n}$,

$$\int \frac{x^{m-1}\,dx}{(1-x^n)^{\frac{m}{n}}} = \int \frac{x^{n-m-1}\,dx}{(1-x^n)^{\frac{n-m}{n}}} = \frac{\pi}{n\,\mathrm{si}\,\frac{m\pi}{n}}.$$

Posons $\frac{x}{\sqrt[n]{(1-x^n)}} = z$, ou $x^n = \frac{z^n}{1+z^n}$, de sorte que $x = 1$, si $z = \infty$

et nous aurons en posant après l'integration $z = \infty$:

$$\int \frac{z^{m-1}dz}{1+z^n} = \int \frac{z^{n-m-1}dz}{1+z^n} = \frac{\pi}{n \,\text{si}\, \frac{m\pi}{n}}.$$

18. Mais voyons aussi comment ce meme produit infini

$$\frac{nn}{nn-mm} \cdot \frac{4nn}{4nn-mm} \cdot \frac{9nn}{9nn-mm} \text{ etc.} = \frac{m\pi}{n \,\text{si}\, \frac{m\pi}{n}}$$

puisse être exprimé par le rapport de deux formules integrales. Pour cet effet il faut poser $\mu = n$, et $\frac{\beta(\alpha+\nu)}{\alpha(\beta+\nu)} = \frac{nn}{nn-mm}$. Donc $\beta = n$; $\alpha + \nu = n$; $\alpha = n - m$ et $\beta + \nu = n + m$; d'où l'on tire $\alpha = n - m$; $\beta = n$; $\nu = m$ et $\mu = n$; et partant :

$$\frac{m\pi}{n \,\text{si}\, \frac{m\pi}{n}} = \frac{\int x^{n-m-1}dx(1-x^n)^{m-n}}{\int x^{n-1}dx(1-x^n)^{\frac{m-n}{n}}}.$$

Mais le dénominateur etant ici integrable, son integrale donne $\frac{1}{m}$ pour le cas $x = 1$; de sorte que cette integration se reduit à la precedente. La formule plus generale ne mene pas à d'autres integrations; cependant il y a d'autres moyens de rendre ces integrations plus generales.

19. Multiplions deux formules integrales en general, et dans le cas $x = 1$, la valeur de ce produit

$$\nu u \int x^{\alpha-1}dx(1-x^n)^{\frac{\nu-n}{n}} \cdot \int x^{a-1}dx(1-x^n)^{\frac{u-n}{n}}$$

sera

$$\frac{nn(\alpha+\nu)(a+u)}{\alpha . a(\nu+n)(u+n)} \cdot \frac{4nn(\alpha+\nu+n)(\alpha+u+n)}{(\alpha+n)(a+n)(\nu+2n)(u+2n)} \cdot \text{etc.}$$

lequel soit posé egal à celui-cy

$$\frac{nn}{(n-m)(n+m)} \cdot \frac{4nn}{(2n-m)(2n+m)} \text{ etc.} = \frac{m\pi}{n \operatorname{si} \frac{m\pi}{n}},$$

Soit pour cet effet : $\alpha = n - m$; $a = n + m$; et posons outre cela : $\alpha + \nu = \nu + n - m = u + n$; $\alpha + u = u + n + m = \nu + n$, d'où nous tirons $\nu - u = m$. Soit donc $\nu = k + \frac{1}{2} m$ et $u = k - \frac{1}{2} m$; et nous aurons en prenant pour k un nombre quelconque :

$$\left(kk - \frac{1}{4} mm\right) \int x^{n-m-1} dx \left(1 - x^n\right)^{\frac{2k+m-2n}{2n}}$$
$$\times \int x^{n+m-1} dx \left(1 - x^n\right)^{\frac{2k-m-2n}{2n}} = \frac{m\pi}{n \operatorname{si} \frac{m\pi}{n}}.$$

20. Voilà donc un produit de deux formules integrales, qui, dans le cas où l'on met $x = 1$ après l'integration, devient

$$= \frac{m\pi}{n \operatorname{si} \frac{m\pi}{n}};$$

et partant on pourra prendre k en sorte que l'une de ces deux formules devienne integrable et alors l'integration de l'autre se reduira à l'expression $\frac{m\pi}{n \operatorname{si} \frac{m\pi}{n}}$.

Ainsi posant $2k = m + 2n$, à cause de $\int x^{n+m-1} dx = \frac{1}{n+m}$ et $kk - \frac{1}{4} mm = n(n+m)$, on aura :

$$n \int x^{n-m-1} dx \left(1 - x^n\right)^{\frac{m}{n}} = \frac{m\pi}{n \operatorname{si} \frac{m\pi}{n}}.$$

Or si l'on prend

$$2k = m + 4n,$$

puisque

$$\int x^{n+m-1}\,dx\,(1-x^n) = \frac{1}{n+m} - \frac{1}{2n+m} = \frac{n}{(n+m)(2n+m)}$$

et

$$kk - \frac{1}{4}mm = 2n(m+2n),$$

on aura :

$$\frac{2nn}{n+m}\int x^{n-m-1}\,dx\,(1-x^n)^{\frac{m+n}{n}} = \frac{m\pi}{n\,\text{si}\,\frac{m\pi}{n}}.$$

Donc posant aussi $n-m$ à la place de m on aura :

$$\frac{\pi}{n\,\text{si}\,\frac{m\pi}{n}} = \frac{n}{m}\int x^{n-m-1}\,dx\,(1-x^n)^{\frac{m}{n}} = \frac{n}{n-m}\int x^{m-1}\,dx\,(1-x^n)^{\frac{n-m}{n}}$$

et

$$\frac{\pi}{n\,\text{si}\,\frac{m\pi}{n}} = \frac{2nn}{m(n+m)}\int x^{n-m-1}\,dx\,(1-x^n)^{\frac{n+m}{n}}$$

$$= \frac{2nn}{(n-m)(2n-m)}\int x^{m-1}\,dx\,(1-x^n)^{\frac{2n-m}{2n}}.$$

21. Or puisque

$$\int x^{n+m-1}\,dx\,(1-x^n)^{\frac{2k-m-2n}{2n}}$$

$$= \frac{2m}{2k+m}\int x^{m-1}\,dx\,(1-x^n)^{\frac{2k-m-2n}{2n}},$$

si nous substituons cette valeur, nous aurons :

$$\left(k-\frac{1}{2}m\right)\int x^{n-m-1}\,dx\,(1-x^n)^{\frac{2k+m-2n}{2n}}$$

$$\times\int x^{m-1}\,dx\,(1-x^n)^{\frac{2k-m-2n}{2n}} = \frac{\pi}{n\,\text{si}\,\frac{m\pi}{n}}$$

et cette valeur demeure la meme, quoiqu'on ecrive $n-m$ au lieu de m. Soit $m=1$ et $n=2$, et on aura :

$$\left(k-\frac{1}{2}\right)\int dx(1-x^2)^{\frac{2k-3}{2}}\cdot\int dx(1-x^2)^{\frac{2k-5}{4}}=\frac{\pi}{2}$$

où il est remarquable que cette egalité a lieu, quelque nombre qu'on mette pour k : soit par exemple $k=1$; ou $k=2$ et on aura :

$$\frac{1}{2}\int\frac{dx}{\sqrt{(1-x^2)}}\cdot\int\frac{dx}{\sqrt[4]{(1-x^2)^3}}=\frac{\pi}{2},$$

$$\frac{3}{2}\int dx\sqrt{(1-x^2)}\cdot\int\frac{dx}{\sqrt[4]{(1-x^2)}}=\frac{\pi}{2},$$

et posant $k=\frac{1}{2}+\sqrt{2}$

$$\int dx(1-x^2)^{\frac{\sqrt{2}-1}{4}}\cdot\int dx(1-x^2)^{\frac{\sqrt{2}-2}{2}}=\frac{\pi}{2\sqrt{2}}.$$

Cette egalité est remarquable à cause des exposans irrationels.

22. On peut encore transformer en plusieurs manieres les formules, que nous venons de trouver; car posons $1-x^n=y^{2n}$, de sorte que $x=\sqrt[n]{(1-y^{2n})}$ et $dx=-2y^{2n-1}dy(1-y^{2n})^{\frac{1-n}{n}}$, les termes de l'integrale, qui étoient auparavant $x=0$ et $x=1$ sont à present renversés savoir $y=1$ et $y=0$, ce qui revient au meme. De là nous concluons :

$$(4k-2m)\int y^{2k+m-1}dy(1-y^{2n})^{-\frac{m}{n}}$$
$$\times\int y^{2k-m-1}dy(1-y^{2n})^{\frac{m-n}{n}}=\frac{\pi}{n\sin\frac{m\pi}{n}}$$

quand on aura mis $y=1$ après l'integration, ou bien

$$(4kk-mm)\int y^{2k+m-1}dy(1-y^{2n})^{-\frac{m}{n}}$$
$$\times\int y^{2k-m-1}dy(1-y^{2n})^{\frac{m}{n}}=\frac{m\pi}{n\sin\frac{m\pi}{n}}$$

par la reduction de ces integrales. Donc si $m=1$ et $n=2$ nous aurons

$$(4k-2)\int\frac{y^{2k}dy}{\sqrt{(1-y^4)}}\cdot\int\frac{y^{2k-2}dy}{\sqrt{(1-y^4)}}=\frac{\pi}{2}$$

et partant si $k=1$

$$\int\frac{yy\,dy}{\sqrt{(1-y^4)}}\cdot\int\frac{dy}{\sqrt{(1-y^4)}}=\frac{\pi}{4}.$$

23. Or puisque l'angle $\frac{m\pi}{n}$ dépend du seul rapport des nombres m et n, nous aurons $\sin\frac{m\pi}{n}=1$ si $m=\frac{1}{2}n$; sans qu'on ait besoin de determiner n. Soit donc $m=\frac{1}{2}n$, et pour eviter les fractions $2k=m+\lambda$, d'où nous tirons ce theoreme

$$\int\frac{y^{\lambda+n-1}dy}{\sqrt{(1-y^{2n})}}\cdot\int\frac{y^{\lambda-1}dy}{\sqrt{(1-y^{2n})}}=\frac{\pi}{2\lambda n}$$

ou

$$\int\frac{y^{\lambda+n-1}dy}{\sqrt{(1-y^{2n})}}\cdot\int y^{\lambda-1}dy\sqrt{(1-y^{2n})}=\frac{\pi}{2\lambda(\lambda+n)}.$$

De meme posant plus generalement $2k=\lambda+m$ on aura

$$\int y^{\lambda+2m-1}dy(1-y^{2n})^{-\frac{m}{n}}\cdot\int y^{\lambda-1}dy(1-y^{2n})^{\frac{m-n}{n}}=\frac{\pi}{2\lambda n\,\mathrm{si}\,\frac{m\pi}{n}}$$

ou

$$\int y^{\lambda+2m-1}dy(1-y^{2n})^{-\frac{m}{n}}\cdot\int y^{\lambda-1}dy(1-y^{2n})^{\frac{m}{n}}=\frac{m\pi}{\lambda n(\lambda+2m)\,\mathrm{si}\,\frac{m\pi}{n}},$$

ou le nombre λ est arbitraire, de sorte qu'on lui puisse meme donner une valeur irrationelle. Soit $m=\mu k$ et $n=\nu k$ et on aura

$$\int y^{\lambda+2\mu k-1}dy(1-y^{2\nu k})^{-\frac{\mu}{\nu}}\cdot\int y^{\lambda-1}dy(1-y^{2\nu k})^{\frac{\mu-\nu}{\nu}}=\frac{\pi}{2\lambda\nu k\,\mathrm{si}\,\frac{\mu\pi}{\nu}}$$

où

$$\int y^{\lambda+2\mu k-1}dy(1-y^{2\nu k})^{-\frac{\mu}{\nu}}.\int y^{\lambda-1}dy(1-y^{2\nu k})^{\frac{\mu}{\nu}}=\frac{\mu\pi}{\lambda\nu(\lambda+2\mu k)\sin\frac{\mu\pi}{\nu}}.$$

24. Posons de plus $2k=\alpha$ pour avoir cette egalité,

$$\int y^{\lambda+\mu\alpha-1}dy(1-y^{\nu\alpha})^{-\frac{\mu}{\nu}}.\int y^{\lambda-1}dy(1-y^{\nu\alpha})^{\frac{\mu-\nu}{\nu}}=\frac{\pi}{\lambda\nu k\sin\frac{\mu\pi}{\nu}}$$

dont on aura ces cas principaux :

$$\int\frac{y^{\lambda+\alpha-1}dy}{\sqrt{(1-y^{2\alpha})}}.\int\frac{y^{\lambda-1}dy}{\sqrt{(1-y^{2\alpha})}}=\frac{2\pi}{2\lambda\alpha},$$

$$\int\frac{y^{\lambda+\alpha-1}dy}{\sqrt[3]{(1-y^{3\alpha})}}.\int\frac{y^{\lambda-1}dy}{\sqrt[3]{(1-y^{3\alpha})^2}}=\frac{2\pi}{3\lambda\alpha\sqrt{3}},$$

$$\int\frac{y^{\lambda+2\alpha-1}dy}{\sqrt[3]{(1-y^{3\alpha})^2}}.\int\frac{y^{\lambda-1}dy}{\sqrt[3]{(1-y^{3\alpha})}}=\frac{\pi}{3\lambda\alpha\sqrt{3}},$$

$$\int\frac{y^{\lambda+\alpha-1}dy}{\sqrt[4]{(1-y^{4\alpha})}}.\int\frac{y^{\lambda-1}dy}{\sqrt[4]{(1-y^{4\alpha})^3}}=\frac{\pi}{2\lambda\alpha\sqrt{2}},$$

$$\int\frac{y^{\lambda+3\alpha-1}dy}{\sqrt[4]{(1-y^{4\alpha})^3}}.\int\frac{y^{\lambda-1}dy}{\sqrt[4]{(1-y^{4\alpha})}}=\frac{\pi}{2\lambda\alpha\sqrt{2}}.$$

25. Comme l'expression infinie du sinus nous a conduit à ces integrations, traitons de la même manière l'expression trouvée pour le cosinus; qui se réduit à cette forme :

$$\cos\frac{m\pi}{n}=\frac{(n-2m)(n+2m)}{n.n}.\frac{(3n-2m)(3n+2m)}{3n.3n}.\frac{(5n-2m)(5n+2m)}{5n.5n}\text{ etc.}$$

où puisque ni les numerateurs ni les denominateurs contiennent des facteurs selon la progression 1, 2, 3, 4, 5, etc. nous n'en saurions exprimer la valeur par une seule formule integrale. Cherchons donc deux formules dont le rapport exprime cette valeur, et l'on voit d'abord qu'il faut mettre $\mu=2n$. Soit donc

$$\frac{\mathfrak{G}(\alpha+\nu)}{\alpha(\mathfrak{G}+\nu)}=\frac{(n-2m)(n+2m)}{n.n},$$

et nous aurons $\alpha = n$, $\beta = n - \nu$; et $\nu = 2m$; de sorte que $\beta = n - 2m$. Par consequent en posant après l'integration $x = 1$ nous avons :

$$\frac{\int x^{n-1}dx(1 - x^{2n})^{\frac{m-n}{n}}}{\int x^{n-2m-1}dx(1 - x^{2n})^{\frac{m-n}{n}}} = \cos\frac{m\pi}{n} = \text{si}\,\frac{(n - 2m)\pi}{2n}.$$

Donc posant $m = \lambda\mu$ et $n = \lambda\nu$ nous aurons

$$\frac{\int x^{\lambda\nu-1}dx(1 - x^{2\lambda\nu})^{\frac{\mu-\nu}{\nu}}}{\int x^{\lambda\nu-2\lambda\mu-1}dx(1 - x^{2\lambda\nu})^{\frac{\mu-\nu}{\nu}}} = \cos\frac{\mu\pi}{\nu} = \text{si}\,\frac{(\nu - 2\mu)\pi}{2\nu}.$$

26. Considerons-en les cas les plus simples :

I. Si $m = 1$, $n = 2$, $$\frac{\int x\,dx(1 - x^4)^{-\frac{1}{2}}}{\int \frac{dx}{x}(1 - x^4)^{-\frac{1}{2}}} = \cos\frac{\pi}{2} = 0;$$

II. Si $m = 1$, $n = 3$, $$\frac{\int xx\,dx(1 - x^6)^{-\frac{2}{3}}}{\int dx(1 - x^6)^{-\frac{2}{3}}} = \cos\frac{\pi}{2} = \frac{1}{2};$$

III. Si $m = \frac{1}{2}$, $n = 2$, $$\frac{\int x\,dx(1 - x^4)^{-\frac{3}{4}}}{\int x\,dx(1 - x^4)^{-\frac{3}{4}}} = \cos\frac{\pi}{4} = \frac{1}{\sqrt{2}};$$

IV. Si $m = \frac{1}{2}$, $n = 3$, $$\frac{\int x^2dx(1 - x^6)^{-\frac{5}{6}}}{\int x\,dx(1 - x^6)^{-\frac{5}{6}}} = \cos\frac{\pi}{6} = \frac{\sqrt{3}}{2};$$

De la seconde nous tirons cette egalité

$$\int\frac{dx}{\sqrt[3]{(1 - xx)^2}} = \frac{3}{2}\int\frac{dx}{\sqrt[3]{(1 - x^6)^2}}.$$

La troisieme se réduit à

$$\int\frac{dx}{\sqrt[4]{(1 - xx)^3}} = \sqrt{2}.\int\frac{dx}{\sqrt[4]{(1 - x^4)^3}},$$

et la quatrieme à

$$\int \frac{dx}{\sqrt[6]{(1-xx)^5}} = \frac{3\sqrt{3}}{4}\int \frac{dx}{\sqrt[6]{(1-x^3)^5}}.$$

27. Ces formules peuvent être changées, de sorte que la condition de l'integration demeure la meme. Ainsi on trouve

$$\int \frac{dx}{\sqrt[3]{(1-xx)^2}} = \frac{1}{2}\int \frac{dx}{\sqrt{(1-x^3)}};$$

en posant x^3 au lieu de $1-xx$

$$\int \frac{dx}{\sqrt[3]{(1-x^6)^2}} = \frac{1}{2}\int \frac{dx}{\sqrt[6]{(1-x^3)^5}};$$

en posant x^3 au lieu de $1-x^6$

$$\int \frac{dx}{\sqrt[4]{(1-xx)^3}} = 2\int \frac{dx}{\sqrt{(1-x^4)}}, \int \frac{dx}{\sqrt[4]{(1-x^4)^3}} = \int \frac{dx}{\sqrt[4]{(1+x^4)^3}},$$

$$\int \frac{dx}{\sqrt[6]{(1-xx)^5}} = 3\int \frac{dx}{\sqrt{(1-x^6)}}, \int \frac{dx}{\sqrt[6]{(1-x^3)^5}} = 2\int \frac{dx}{\sqrt[3]{(1-x^6)^2}}.$$

et partant nous aurons ces egalités :

$$\int \frac{dx}{\sqrt[3]{(1-xx)^2}} = \frac{3}{2}\int \frac{dx}{\sqrt{(1-x^3)}} = \frac{3}{2}\int \frac{dx}{\sqrt[3]{(1-x^6)^2}} = \frac{3}{4}\int \frac{dx}{\sqrt[6]{(1-x^3)^5}},$$

$$\int \frac{dx}{\sqrt[4]{(1-xx)^3}} = 2\int \frac{dx}{\sqrt{(1-x^4)}} = \sqrt{2}.\int \frac{dx}{\sqrt[4]{(1-x^4)^3}},$$

$$\int \frac{dx}{\sqrt[6]{(1-xx)^5}} = 3\int \frac{dx}{\sqrt{(1-x^6)}} = \frac{3\sqrt{3}}{4}\int \frac{dx}{\sqrt[6]{(1-x^3)^5}} = \frac{3\sqrt{3}}{2}\int \frac{dx}{\sqrt[3]{(1-x^6)^2}}.$$

28. Par la meme transformation nous trouvons en general :

$$\int \frac{x^{n-1}\,dx}{(1-x^{2n})^{\frac{n-m}{n}}} = \frac{1}{2}\int \frac{x^{m-1}\,dx}{(1-x^n)^{\frac{1}{2}}} = \cos\frac{m\pi}{n}.\int \frac{x^{n-2m-1}\,dx}{(1-x^{2n})^{\frac{n-m}{n}}}$$

$$= \frac{1}{2}\cos\frac{m\pi}{n}.\int \frac{x^{m-1}\,dx}{(1-x^n)^{\frac{n+2m}{2n}}}$$

et partant

$$\int \frac{x^{m-1}\,dx}{\sqrt{(1-x^n)}} = \cos\frac{m\pi}{n} \cdot \int \frac{x^{m-1}\,dx}{\sqrt[2n]{(1-x^n)^{n+2m}}}.$$

Donc, puisque la formule $\int \frac{x^{m-1}\,dx}{\sqrt{(1-x^n)}}$ est la plus simple comme ne renfermant que le signe radical quarré nous aurons ces reductions pour le cas $x = 1$.

$$\int \frac{x^{n-1}\,dx}{\sqrt[n]{(1-x^{2n})^{n-m}}} = \frac{1}{2}\int \frac{x^{m-1}\,dx}{\sqrt{(1-x^n)}}$$

$$\int \frac{x^{n-2m-1}\,dx}{\sqrt[n]{(1-x^{2n})^{n-m}}} = \frac{1}{2\cos\frac{m\pi}{n}}\int \frac{x^{m-1}\,dx}{\sqrt{(1-x^n)}}$$

$$\int \frac{x^{m-1}\,dx}{\sqrt[2n]{(1-x^n)^{n+2m}}} = \frac{1}{\cos\frac{m\pi}{n}}\int \frac{x^{m-1}\,dx}{\sqrt{(1-x^n)}}$$

dont la premiere est evidente d'elle même, mais les deux autres renferment la nature des cosinus.

29. J'ai aussi trouvé dans mon Introduction (¹) ce produit infini

$$\frac{\sin\frac{m\pi}{2n}}{\sin\frac{k\pi}{2n}} = \frac{m(2n-m)}{k(2n-k)} \cdot \frac{(2n+m)(4n-m)}{(2n+k)(4n-k)} \cdot \frac{(4n+m)(6n-m)}{(4n+k)(6n-k)} \text{ etc.}$$

qu'on peut reduire à un rapport de deux formules integrales. Pour cet effet il faut poser $\mu = 2n$, et

$$\frac{6(\alpha+\nu)}{\alpha(6+\nu)} = \frac{m(2n-m)}{k(2n-k)}$$

(¹) *Introductio in analysin Infinitorum*; Lausannæ. 1758. 2 vol. in-4°.

ce qui se peut faire en quatre manières :

I. $\alpha = k;$ $\quad \beta = m;$ $\quad \nu = 2n - m - k;$ $\quad \frac{\nu - \mu}{\mu} = -\frac{m - k}{2n};$

II. $\alpha = k;$ $\quad \beta = 2n - m;$ $\nu = m - k;$ $\quad \frac{\nu - \mu}{\mu} = \frac{m - k - 2n}{2n};$

III. $\alpha = 2n - k;$ $\beta = m;$ $\quad \nu = k - m;$ $\quad \frac{\nu - \mu}{\mu} = \frac{k - m - 2n}{2n};$

IV. $\alpha = 2n - k;$ $\beta = 2n - m;$ $\nu = m + k - 2n;$ $\quad \frac{\nu - \mu}{\mu} = \frac{m + k - 4n}{2n};$

d'où nous aurons :

$$\frac{\int x^{\alpha-1} dx \left(1 - x^{\mu}\right)^{\frac{\nu-\mu}{\mu}}}{\int x^{\beta-1} dx \left(1 - x^{\mu}\right)^{\frac{\nu-\mu}{\mu}}} = \frac{\mathrm{si}\,\frac{m\pi}{2n}}{\mathrm{si}\,\frac{k\pi}{2n}}$$

et par la transformation

$$\frac{\int x^{\nu-1} dx \left(1 - x^{\mu}\right)^{\frac{\alpha-\mu}{\mu}}}{\int x^{\nu-1} dx \left(1 - x^{\mu}\right)^{\frac{\beta-\mu}{\mu}}} = \frac{\mathrm{si}.\, m\pi}{\mathrm{si}\,\frac{k\pi}{2n}}.$$

30. Cette derniere formule fournit les réductions suivantes :

$$\mathrm{si}\,\frac{k\pi}{2n}\cdot\int\frac{x^{2n-m-k-1}\,dx}{\sqrt[2n]{(1 - x^{2n})^{2n-k}}} = \mathrm{si}\,\frac{m\pi}{2n}\cdot\int\frac{x^{2n-m-k-1}\,dx}{\sqrt[2n]{(1 - x^{2n})^{2n-m}}},$$

$$\mathrm{si}\,\frac{k\pi}{2n}\cdot\int\frac{x^{m-k-1}\,dx}{\sqrt[2n]{(1 - x^{2n})^{2n-k}}} = \mathrm{si}\,\frac{m\pi}{2n}\cdot\int\frac{x^{m-k-1}\,dx}{\sqrt[2n]{(1 - x^{2n})^{m}}},$$

$$\mathrm{si}\,\frac{k\pi}{2n}\cdot\int\frac{x^{k-m-1}\,dx}{\sqrt[2n]{(1 - x^{2n})^{k}}} = \mathrm{si}\,\frac{m\pi}{2n}\cdot\int\frac{x^{k-m-1}\,dx}{\sqrt[2n]{(1 - x^{2n})^{2n-m}}},$$

$$\mathrm{si}\,\frac{k\pi}{2n}\cdot\int\frac{x^{m+k-2n-1}\,dx}{\sqrt[2n]{(1 - x^{2n})^{k}}} = \mathrm{si}\,\frac{m\pi}{2n}\cdot\int\frac{x^{m+k-2n-1}\,dx}{\sqrt[2n]{(1 - x^{2n})^{m}}}.$$

Or je ne m'arrete pas à donner des exemples; il est aisé de voir qu'on en peut tirer des reductions asses remarquables; comme si $k = n - m$, on aura

$$\int\frac{x^{n-1}\,dx}{\sqrt[2n]{(1 - x^{2n})^{n+m}}} = \mathrm{tág}\,\frac{m\pi}{2n}\cdot\int\frac{x^{n-1}\,dx}{\sqrt[2n]{(1 - x^{2n})^{2n-m}}}.$$

31. Considerons encore un produit infini, que j'avois trouvé

pour la tangente d'un angle,

$$\operatorname{tang}\frac{m\pi}{2n}=\frac{m\pi}{2(n-m)}\cdot\frac{1(2n-m)}{2(n+m)}\cdot\frac{3(2n+m)}{2(3n-m)}\cdot\frac{3(4n-m)}{4(3n+m)}\text{ etc.}$$

et que nous representons en sorte

$$\frac{m\pi}{2(n-m)\operatorname{tang}\frac{m\pi}{2n}}=\frac{2n.2n(n+m)(3n-m)}{n.3n(2n-m)(2n+m)}\cdot\frac{4n.4n(3n+m)(5n-m)}{3n.5n(4n-m)(4n+m)}\text{ etc.}$$

qu'on peut reduire à un produit de deux formules integrales, qui étant en general

$$\nu u\int x^{\alpha-1}dx(1-x^{\mu})^{\frac{\nu-\mu}{\mu}}\cdot\int x^{a-1}dx(1-x^{m})^{\frac{u-m}{m}}$$

$$=\frac{\mu m(\alpha+\nu)(a+u)}{\alpha a(\mu+\nu)(m+u)}\cdot\frac{2\mu.2m(\alpha+\nu+\mu)(a+u+m)}{(\alpha+\mu)(a+m)(2\mu+\nu)(2m+u)}\cdot\text{etc.}$$

où l'on voit d'abord qu'il faut prendre $\mu=m=2n$, et ensuite il reste à rendre :

$$\frac{(n+m)(3n-m)}{n.3n(2n-m)(2n+m)}=\frac{(\alpha+\nu)(a+u)}{\alpha a(\mu+\nu)(m+u)}.$$

Qu'on prenne donc $\alpha+\nu=n+m$ et $a+u=3n-m$ et on trouvera les quatre solutions suivantes :

I.	$\nu=m$;	$u=-m$;	$\alpha=n$;	$a=3n$;	$\mu=2n$;	$m=2n$.
II.	$\nu=m$;	$u=n$;	$\alpha=n$;	$a=2n-m$;	$\mu=2n$;	$m=2n$.
III.	$\nu=-n$;	$u=-m$;	$\alpha=2n+m$;	$a=3n$;	$\mu=2n$;	$m=2n$.
IV.	$\nu=-n$;	$u=n$;	$\alpha=2n+m$;	$a=2n-m$;	$\mu=2n$;	$m=2n$.

32. Voilà donc les quatre reductions qui s'ensuivent.

$$\int\frac{x^{n-1}dx}{\sqrt[2n]{(1-x^{2n})^{2n-m}}}\cdot\int\frac{x^{3n-1}dx}{\sqrt[2n]{(1-x^{2n})^{2n+m}}}=\frac{\pi}{2m(m-n)}\cot\frac{m\pi}{2n},$$

$$\int\frac{x^{n-1}dx}{\sqrt[2n]{(1-x^{2n})^{2n-m}}}\cdot\int\frac{x^{2n-m-1}dx}{\sqrt[2n]{(1-x^{2n})^{n}}}=\frac{\pi}{2n(n-m)}\cot\frac{m\pi}{2n},$$

$$\int\frac{x^{2n+m-1}dx}{\sqrt[2n]{(1-x^{2n})^{3n}}}\cdot\int\frac{x^{3n-1}dx}{\sqrt[2n]{(1-x^{2n})^{2n+m}}}=\frac{\pi}{2n(n-m)}\cot\frac{m\pi}{2n},$$

$$\int\frac{x^{2n+m-1}dx}{\sqrt[2n]{(1-x^{2n})^{3n}}}\cdot\int\frac{x^{2n-m-1}dx}{\sqrt[2n]{(1-x^{2n})^{n}}}=\frac{m\pi}{2nn(m-n)}\cot\frac{m\pi}{2n},$$

où il faut remarquer que

$$\int \frac{x^{3n-1}\,dx}{\sqrt[2n]{(1-x^{2n})^{2n+m}}} = \frac{-n}{m}\int \frac{x^{n-1}\,dx}{\sqrt[2n]{(1-x^{2n})^{m}}}$$

et

$$\int \frac{x^{2n+m-1}\,dx}{\sqrt[2n]{(1-x^{2n})^{3n}}} = \frac{-m}{n}\int \frac{x^{m-1}\,dx}{\sqrt{(1-x^{2n})}}.$$

33. Ces substitutions nous fournissent les formules suivantes :

$$\int \frac{x^{n-1}\,dx}{\sqrt[2n]{(1-x^{2n})^{2n-m}}}\cdot\int \frac{x^{n-1}\,dx}{\sqrt[2n]{(1-x^{2n})^{m}}} = \frac{\pi}{2n(n-m)}\cot\frac{m\pi}{2n},$$

$$\int \frac{x^{n-1}\,dx}{\sqrt[2n]{(1-x^{2n})^{2n-m}}}\cdot\int \frac{x^{2n-m-1}\,dx}{\sqrt{(1-x^{2n})}} = \frac{\pi}{2n(n-m)}\cot\frac{m\pi}{2n},$$

$$\int \frac{x^{m-1}\,dx}{\sqrt{(1-x^{2n})}}\cdot\int \frac{x^{n-1}\,dx}{\sqrt[2n]{(1-x^{2n})^{m}}} = \frac{\pi}{2n(n-m)}\cot\frac{m\pi}{2n},$$

$$\int \frac{x^{m-1}\,dx}{\sqrt{(1-x^{2n})}}\cdot\int \frac{x^{2n-m-1}\,dx}{\sqrt{(1-x^{2n})}} = \frac{\pi}{2n(n-m)}\cot\frac{m\pi}{2n},$$

qui se reduisent à ces formules plus simples :

$$\int \frac{dx}{\sqrt[2n]{(1-xx)^{2n-m}}}\cdot\int \frac{dx}{\sqrt[2n]{(1-xx)^{m}}} = \frac{n\pi}{2(n-m)}\cot\frac{m\pi}{2n},$$

$$\int \frac{dx}{\sqrt[2n]{(1-xx)^{2n-m}}}\cdot\int \frac{x^{2n-m-1}\,dx}{\sqrt{(1-x^{2n})}} = \frac{\pi}{2(n-m)}\cot\frac{m\pi}{2n},$$

$$\int \frac{x^{m-1}\,dx}{\sqrt{(1-x^{2n})}}\cdot\int \frac{dx}{\sqrt[2n]{(1-xx)^{m}}} = \frac{\pi}{2(n-m)}\cot\frac{m\pi}{2n},$$

$$\int \frac{x^{m-1}\,dx}{\sqrt{(1-x^{2n})}}\cdot\int \frac{x^{2n-m-1}\,dx}{\sqrt{(1-x^{2n})}} = \frac{\pi}{2n(n-m)}\cot\frac{m\pi}{2n}.$$

34. Or par des substitutions ulterieures on trouve

$$\int \frac{dx}{\sqrt[2n]{(1-xx)^{2n-m}}} = n\int \frac{x^{m-1}\,dx}{\sqrt{(1-x^{2n})}},$$

$$\int \frac{dx}{\sqrt[2n]{(1-xx)^{m}}} = n\int \frac{x^{2n-m-1}\,dx}{\sqrt{(1-x^{2n})}},$$

de sorte que toutes nos formules se reduisent à la derniere, qui est la plus simple, puisqu'elle ne renferme que le signe radical quarré, laquelle si nous posons $m = n - k$ se change en cette forme assez remarquable :

$$\int \frac{x^{n+k-1}dx}{\sqrt{(1-x^{2n})}} \cdot \int \frac{x^{n-k-1}dx}{\sqrt{(1-x^{2n})}} = \frac{\pi}{2nk} \text{ tág } \frac{k\pi}{2n},$$

d'ou si $k = 0$ à cause $\text{tag} \frac{k\pi}{2n} = \frac{k\pi}{2n}$, on obtient

$$\int \frac{x^{n-1}dx}{\sqrt{(1-x^{2n})}} \cdot \int \frac{x^{n-1}dx}{\sqrt{(1-x^{2n})}} = \frac{\pi\pi}{4nn}.$$

35. Considerons quelques cas particuliers.

I. Si $n = 1$; $k = 0$, $\int \frac{dx}{\sqrt{(1-xx)}} \cdot \int \frac{dx}{\sqrt{(1-xx)}} = \frac{\pi\pi}{4}$;

II. Si $n = \frac{3}{2}$; $k = \frac{1}{2}$, $\int \frac{x\,dx}{\sqrt{(1-x^3)}} \cdot \int \frac{dx}{\sqrt{(1-x^3)}} = \frac{2\pi}{3} \text{ tág} \frac{\pi}{6} = \frac{2\pi}{3\sqrt{3}}$;

III. Si $n = 2$; $k = 1$, $\int \frac{xx\,dx}{\sqrt{(1-x^4)}} \cdot \int \frac{dx}{\sqrt{(1-x^4)}} = \frac{\pi}{4} \text{ tág} \frac{\pi}{4} = \frac{\pi}{4}$;

IV. Si $n = \frac{5}{2}$; $k = \frac{1}{2}$, $\int \frac{xx\,dx}{\sqrt{(1-x^5)}} \cdot \int \frac{x\,dx}{\sqrt{(1-x^5)}} = \frac{2\pi}{5} \text{ tág} \frac{\pi}{10}$;

V. Si $n = \frac{5}{2}$; $k = \frac{3}{2}$, $\int \frac{x^3dx}{\sqrt{(1-x^5)}} \cdot \int \frac{dx}{\sqrt{(1-x^5)}} = \frac{2\pi}{15} \text{ tág} \frac{3\pi}{10}$;

VI. Si $n = 3$; $k = 1$, $\int \frac{x^3dx}{\sqrt{(1-x^6)}} \cdot \int \frac{x\,dx}{\sqrt{(1-x^6)}} = \frac{\pi}{6} \text{ tág} \frac{\pi}{6}$;

VII. Si $n = 3$; $k = 2$, $\int \frac{x^4dx}{\sqrt{(1-x^6)}} \cdot \int \frac{dx}{\sqrt{(1-x^6)}} = \frac{\pi}{12} \text{ tág} \frac{\pi}{3}$;

VIII. Si $n = \frac{7}{2}$; $k = \frac{1}{2}$, $\int \frac{x^3dx}{\sqrt{(1-x^7)}} \cdot \int \frac{x^2dx}{\sqrt{(1-x^7)}} = \frac{2\pi}{7} \text{ tág} \frac{\pi}{14}$;

IX. Si $n = \frac{7}{2}$; $k = \frac{3}{2}$, $\int \frac{x^4dx}{\sqrt{(1-x^7)}} \cdot \int \frac{x\,dx}{\sqrt{(1-x^7)}} = \frac{2\pi}{21} \text{ tág} \frac{3\pi}{14}$;

X. Si $n = \frac{7}{2}$; $k = \frac{5}{2}$, $\int \frac{x^5dx}{\sqrt{(1-x^7)}} \cdot \int \frac{dx}{\sqrt{(1-x^7)}} = \frac{2\pi}{35} \text{ tág} \frac{5\pi}{14}$;

XI. Si $n = 4$; $k = 1$, $\int \frac{x^4dx}{\sqrt{(1-x^8)}} \cdot \int \frac{x^2dx}{\sqrt{(1-x^8)}} = \frac{\pi}{8} \text{ tág} \frac{\pi}{8}$;

XII. Si $n=4$; $k=3$, $\int\frac{x^6\,dx}{\sqrt{(1-x^8)}}\cdot\int\frac{dx}{\sqrt{(1-x^8)}}=\frac{\pi}{24}\text{ tág }\frac{3\pi}{8}$;

XIII. Si $n=\frac{9}{2}$; $k=\frac{1}{2}$, $\int\frac{x^4\,dx}{\sqrt{(1-x^9)}}\cdot\int\frac{x^3\,dx}{\sqrt{(1-x^9)}}=\frac{2\pi}{9}\text{ tág }\frac{\pi}{18}$;

XIV. Si $n=\frac{9}{2}$; $k=\frac{5}{2}$, $\int\frac{x^6\,dx}{\sqrt{(1-x^9)}}\cdot\int\frac{x\,dx}{\sqrt{(1-x^9)}}=\frac{2\pi}{45}\text{ tág }\frac{5\pi}{18}$;

XV. Si $n=\frac{9}{2}$; $k=\frac{7}{2}$, $\int\frac{x^7\,dx}{\sqrt{(1-x^9)}}\cdot\int\frac{dx}{\sqrt{(1-x^9)}}=\frac{2\pi}{63}\text{ tág }\frac{7\pi}{18}$;

XVI. Si $n=5$; $k=2$, $\int\frac{x^6\,dx}{\sqrt{(1-x^{10})}}\cdot\int\frac{x^2\,dx}{\sqrt{(1-x^{10})}}=\frac{\pi}{20}\text{ tág }\frac{\pi}{5}$;

XVII. Si $n=5$; $k=4$: $\int\frac{x^8\,dx}{\sqrt{(1-x^{10})}}\cdot\int\frac{dx}{\sqrt{(1-x^{10})}}=\frac{\pi}{40}\text{ tág }\frac{2\pi}{5}$;

XVIII. Si $n=6$; $k=1$: $\int\frac{x^6\,dx}{\sqrt{(1-x^{12})}}\cdot\int\frac{x^4\,dx}{\sqrt{(1-x^{12})}}=\frac{\pi}{12}\text{ tág }\frac{\pi}{12}$;

XIX. Si $n=6$; $k=5$: $\int\frac{x^{10}\,dx}{\sqrt{(1-x^{12})}}\cdot\int\frac{dx}{\sqrt{(1-x^{12})}}=\frac{\pi}{60}\text{ tág }\frac{5\pi}{12}$.

36. La formule $\int\frac{y^{\lambda+\alpha-1}\,dy}{\sqrt{(1-y^{2\alpha})}}\cdot\int\frac{y^{\lambda-1}\,dy}{\sqrt{(1-y^{2\alpha})}}=\frac{\pi}{2\lambda\alpha}$ que nous avons trouvée cy-dessus (§ 24) a avec celles cy un grand rapport; pour le developpement duquel écrivons x à la place de y et posons $\alpha=n$ pour avoir :

$$\int\frac{x^{\lambda+n-1}\,dx}{\sqrt{(1-x^{2n})}}\cdot\int\frac{x^{\lambda-1}\,dx}{\sqrt{(1-x^{2n})}}=\frac{\pi}{2\lambda n}.$$

Or la formule que nous venons de trouver etant :

$$\int\frac{x^{n+k-1}\,dx}{\sqrt{(1-x^{2n})}}\cdot\int\frac{x^{n-k-1}\,dx}{\sqrt{(1-x^{2n})}}=\frac{\pi}{2nk}\cdot\text{tág }\frac{k\pi}{2n}$$

si nous posons $\lambda=k$ nous aurons :

$$\int\frac{x^{n-k-1}\,dx}{\sqrt{(1-x^{2n})}}:\int\frac{x^{k-1}\,dx}{\sqrt{(1-x^{2n})}}=\text{tág }\frac{k\pi}{2n},$$

et si nous posons $\lambda=n-k$

$$\int\frac{x^{n+k-1}\,dx}{\sqrt{(1-x^{2n})}}:\int\frac{x^{2n-k-1}\,dx}{\sqrt{(1-x^{2n})}}=\frac{n-k}{k}\text{ tág }\frac{k\pi}{2n}.$$

37. Or pour rendre ces reductions plus generales, posons $y = x^{\frac{n}{\alpha}}$ pour avoir suivant le § 24,

$$\int \frac{x^{\frac{\lambda n}{\alpha}+n-1}dx}{\sqrt{(1-x^{2n})}} \cdot \int \frac{x^{\frac{\lambda n}{\alpha}-1}dx}{\sqrt{(1-x^{2n})}} = \frac{\alpha\pi}{2\lambda nn}.$$

Soit $\frac{\lambda n}{\alpha} = k$ et nous trouverons la meme formule que cy-dessus, et la position $\frac{\lambda n}{\alpha} = n - k$ ne produit rien de nouveau non plus. Voyons donc quelques cas particuliers :

I. Soit $n = 1$ et $k = 0$:

$$\int \frac{dx}{\sqrt{(1-xx)}} : \int \frac{x\,dx}{\sqrt{(1-xx)}} = \frac{\pi}{2}.$$

II. Si $n = \frac{3}{2}$; $k = \frac{1}{2}$:

$$\int \frac{dx}{\sqrt{(1-x^3)}} : \int \frac{dx}{\sqrt{x(1-x^3)}} = \text{tág}\,\frac{\pi}{6} = \frac{1}{\sqrt{3}},$$

et l'autre

$$\int \frac{x\,dx}{\sqrt{(1-x^3)}} : \int \frac{x\,dx\sqrt{x}}{\sqrt{(1-x^3)}} = 2\,\text{tág}\,\frac{\pi}{6} = \frac{2}{\sqrt{3}}.$$

III. Si $n = 2$, $k = 1$:

$$\int \frac{dx}{\sqrt{(1-x^4)}} : \int \frac{dx}{\sqrt{(1-x^4)}} = \text{tág}\,\frac{\pi}{4} = 1,$$

$$\int \frac{xx\,dx}{\sqrt{(1-x^4)}} : \int \frac{xx\,dx}{\sqrt{(1-x^4)}} = \text{tág}\,\frac{\pi}{4} = 1,$$

et l'autre

$$\int \frac{dx\sqrt{x}}{\sqrt{(1-x^4)}} : \int \frac{dx}{\sqrt{(1-x^4)}} = \text{tág}\,\frac{\pi}{8},$$

$$\int \frac{x\,dx\sqrt{x}}{\sqrt{(1-x^4)}} : \int \frac{xx\,dx\sqrt{x}}{\sqrt{(1-x^4)}} = 3\,\text{tág}\,\frac{\pi}{8};$$

et voilà encore quelques autres :

$$\int\frac{x\,dx}{\sqrt{(1-x^5)}}:\int\frac{dx}{\sqrt{x(1-x^5)}}=\text{tág}\,\frac{\pi}{10},$$

$$\int\frac{xx\,dx}{\sqrt{(1-x^5)}}:\int\frac{x^3\,dx\sqrt{x}}{\sqrt{(1-x^5)}}=4\,\text{tág}\,\frac{\pi}{10},$$

$$\int\frac{dx\sqrt{x}}{\sqrt{(1-x^5)}}:\int\frac{dx}{\sqrt{(1-x^5)}}=\text{tág}\,\frac{\pi}{5},$$

$$\int\frac{xx\,dx\sqrt{x}}{\sqrt{(1-x^5)}}:\int\frac{x^3\,dx}{\sqrt{(1-x^5)}}=\frac{3}{2}\,\text{tág}\,\frac{\pi}{5},$$

$$\int\frac{x\,dx}{\sqrt{(1-x^6)}}:\int\frac{dx}{\sqrt{(1-x^6)}}=\text{tág}\,\frac{\pi}{6},$$

$$\int\frac{x^3\,dx}{\sqrt{(1-x^6)}}:\int\frac{x^4\,dx}{\sqrt{(1-x^6)}}=2\,\text{tág}\,\frac{\pi}{6},$$

$$\int\frac{xx\,dx}{\sqrt{(1-x^8)}}:\int\frac{dx}{\sqrt{(1-x^8)}}=\text{tág}\,\frac{\pi}{8},$$

$$\int\frac{x^4\,dx}{\sqrt{(1-x^8)}}:\int\frac{x^6\,dx}{\sqrt{(1-x^8)}}=3\,\text{tág}\,\frac{\pi}{8},$$

$$\int\frac{x^3\,dx}{\sqrt{(1-x^{10})}}:\int\frac{dx}{\sqrt{(1-x^{10})}}=\text{tág}\,\frac{\pi}{10},$$

$$\int\frac{x^5\,dx}{\sqrt{(1-x^{10})}}:\int\frac{x^8\,dx}{\sqrt{(1-x^{10})}}=4\,\text{tág}\,\frac{\pi}{10},$$

$$\int\frac{x^2\,dx}{\sqrt{(1-x^{10})}}:\int\frac{x\,dx}{\sqrt{(1-x^{10})}}=\text{tág}\,\frac{\pi}{5},$$

$$\int\frac{x^6\,dx}{\sqrt{(1-x^{10})}}:\int\frac{x^7\,dx}{\sqrt{(1-x^{10})}}=\frac{3}{2}\,\text{tág}\,\frac{\pi}{6},$$

$$\int\frac{x^4\,dx}{\sqrt{(1-x^{12})}}:\int\frac{dx}{\sqrt{(1-x^{12})}}=\text{tág}\,\frac{\pi}{12},$$

$$\int\frac{x^6\,dx}{\sqrt{(1-x^{12})}}:\int\frac{x^{10}\,dx}{\sqrt{(1-x^{12})}}=5\,\text{tág}\,\frac{\pi}{12}.$$

38. Ces formules sont semblables par rapport à la forme à celles qui ont été trouvées cy dessus § 34 : toutes ces formules étant comprises dans cette expression generale $\int\frac{x^{m-1}\,dx}{\sqrt{(1-x^{\alpha})}}$. Mais cy-dessus c'étoit le produit de deux telles formules, dont j'avois assigné la valeur, pendant que nous avons ici des quotiens, qui resultent de la division de l'une par l'autre. Mais dans l'un et l'autre cas il est evident que l'integration de l'un se reduit à celle de l'autre. Puisque la plupart de ces reductions sont tout à fait nouvelles, il vaudra bien la peine de les considerer plus soigneusement; pour cet effet je les distribuerai en classes selon l'exposant de la variable x derriere le signe radical, m et n etant des nombres entiers.

I. Reduction des formules $\int \frac{x^{m-1}dx}{\sqrt{(1-x^3)}}$:

$$\int \frac{x\,dx}{\sqrt{(1-x^3)}} \cdot \int \frac{dx}{\sqrt{(1-x^3)}} = \frac{2\pi}{3} \text{tág} \frac{\pi}{6} = \frac{2\pi}{3\sqrt{3}}.$$

II. Reduction des formules $\int \frac{x^{m-1}dx}{\sqrt{(1-x^4)}}$:

$$\int \frac{xx\,dx}{\sqrt{(1-x^4)}} \cdot \int \frac{dx}{\sqrt{(1-x^4)}} = \frac{\pi}{4} \text{tág} \frac{\pi}{4} = \frac{\pi}{4}.$$

III. Reduction des formules $\int \frac{x^{m-1}dx}{\sqrt{(1-x^5)}}$:

$$\int \frac{xx\,dx}{\sqrt{(1-x^5)}} \cdot \int \frac{x\,dx}{\sqrt{(1-x^5)}} = \frac{2\pi}{5} \text{tág} \frac{\pi}{10},$$

$$\int \frac{x^3\,dx}{\sqrt{(1-x^5)}} \cdot \int \frac{dx}{\sqrt{(1-x^5)}} = \frac{2\pi}{15} \text{tág} \frac{3\pi}{10}.$$

IV. Reduction des formules $\int \frac{x^{m-1}dx}{\sqrt{(1-x^6)}}$:

$$\int \frac{x^3\,dx}{\sqrt{(1-x^6)}} \cdot \int \frac{x\,dx}{\sqrt{(1-x^6)}} = \frac{\pi}{6} \text{tág} \frac{\pi}{6},$$

$$\int \frac{x^4\,dx}{\sqrt{(1-x^6)}} \cdot \int \frac{dx}{\sqrt{(1-x^6)}} = \frac{\pi}{12} \text{tág} \frac{\pi}{3},$$

$$\int \frac{x\,dx}{\sqrt{(1-x^6)}} : \int \frac{dx}{\sqrt{(1-x^6)}} = \text{tág} \frac{\pi}{6},$$

$$\int \frac{x^3\,dx}{\sqrt{(1-x^6)}} : \int \frac{x^4\,dx}{\sqrt{(1-x^6)}} = 2\,\text{tág} \frac{\pi}{6}.$$

V. Reduction des formules $\int \frac{x^{m-1}dx}{\sqrt{(1-x^7)}}$:

$$\int \frac{x^3 dx}{\sqrt{(1-x^7)}} \cdot \int \frac{x^2 dx}{\sqrt{(1-x^7)}} = \frac{2\pi}{7} \text{tág} \frac{\pi}{14},$$

$$\int \frac{x^4 dx}{\sqrt{(1-x^7)}} \cdot \int \frac{x\, dx}{\sqrt{(1-x^7)}} = \frac{2\pi}{21} \text{tág} \frac{3\pi}{14},$$

$$\int \frac{x^5 dx}{\sqrt{(1-x^7)}} \cdot \int \frac{dx}{\sqrt{(1-x^7)}} = \frac{2\pi}{35} \text{tág} \frac{5\pi}{14}.$$

VI. Reduction des formules $\int \frac{x^{m-1}dx}{\sqrt{(1-x^8)}}$:

$$\int \frac{x^4 dx}{\sqrt{(1-x^8)}} \cdot \int \frac{xx\, dx}{\sqrt{(1-x^8)}} = \frac{\pi}{8} \text{tág} \frac{\pi}{8},$$

$$\int \frac{x^5 dx}{\sqrt{(1-x^8)}} \cdot \int \frac{x\, dx}{\sqrt{(1-x^8)}} = \frac{\pi}{16} \text{tág} \frac{\pi}{4},$$

$$\int \frac{x^6 dx}{\sqrt{(1-x^8)}} \cdot \int \frac{dx}{\sqrt{(1-x^8)}} = \frac{\pi}{24} \text{tág} \frac{3\pi}{8},$$

$$\int \frac{xx\, dx}{\sqrt{(1-x^8)}} : \int \frac{dx}{\sqrt{(1-x^8)}} = \text{tág} \frac{\pi}{8},$$

$$\int \frac{x^4 dx}{\sqrt{(1-x^8)}} : \int \frac{x^6 dx}{\sqrt{(1-x^8)}} = 3 \text{ tág} \frac{\pi}{8}.$$

VII. Reduction des formules $\int \frac{x^{m-1}dx}{\sqrt{(1-x^9)}}$:

$$\int \frac{x^4 dx}{\sqrt{(1-x^9)}} \cdot \int \frac{x^3 dx}{\sqrt{(1-x^9)}} = \frac{2\pi}{9} \text{tág} \frac{\pi}{18},$$

$$\int \frac{x^5 dx}{\sqrt{(1-x^9)}} \cdot \int \frac{x^2 dx}{\sqrt{(1-x^9)}} = \frac{2\pi}{27} \text{tág} \frac{\pi}{6},$$

$$\int \frac{x^6 dx}{\sqrt{(1-x^9)}} \cdot \int \frac{x\, dx}{\sqrt{(1-x^9)}} = \frac{2\pi}{45} \text{tág} \frac{5\pi}{18},$$

$$\int \frac{x^7 dx}{\sqrt{(1-x^9)}} \cdot \int \frac{dx}{\sqrt{(1-x^9)}} = \frac{2\pi}{63} \text{tág} \frac{7\pi}{18}.$$

VIII. Reduction des formules $\int \frac{x^{m-1}dx}{\sqrt{(1-x^{10})}}$:

$$\int \frac{x^5 dx}{\sqrt{(1-x^{10})}} \cdot \int \frac{x^3 dx}{\sqrt{(1-x^{10})}} = \frac{\pi}{10} \operatorname{tág} \frac{\pi}{10},$$

$$\int \frac{x^6 dx}{\sqrt{(1-x^{10})}} \cdot \int \frac{x^2 dx}{\sqrt{(1-x^{10})}} = \frac{\pi}{20} \operatorname{tág} \frac{\pi}{5},$$

$$\int \frac{x^7 dx}{\sqrt{(1-x^{10})}} \cdot \int \frac{x dx}{\sqrt{(1-x^{10})}} = \frac{\pi}{30} \operatorname{tág} \frac{3\pi}{10},$$

$$\int \frac{x^8 dx}{\sqrt{(1-x^{10})}} \cdot \int \frac{dx}{\sqrt{(1-x^{10})}} = \frac{\pi}{40} \operatorname{tág} \frac{2\pi}{5},$$

$$\int \frac{x^3 dx}{\sqrt{(1-x^{10})}} : \int \frac{dx}{\sqrt{(1-x^{10})}} = \operatorname{tág} \frac{\pi}{10},$$

$$\int \frac{xx dx}{\sqrt{(1-x^{10})}} : \int \frac{x dx}{\sqrt{(1-x^{10})}} = \operatorname{tág} \frac{\pi}{5},$$

$$\int \frac{x^5 dx}{\sqrt{(1-x^{10})}} : \int \frac{x^8 dx}{\sqrt{(1-x^{10})}} = 4 \operatorname{tág} \frac{\pi}{10};$$

$$\int \frac{x^6 dx}{\sqrt{(1-x^{10})}} : \int \frac{x^7 dx}{\sqrt{(1-x^{10})}} = \frac{3}{2} \operatorname{tág} \frac{\pi}{5}.$$

39. En combinant les quotients avec les produits de chaque classe on en peut former de nouveaux produits, ce que je ferai voir en general: car ayant ce produit

$$\int \frac{x^{n+k-1} dx}{\sqrt{(1-x^{2n})}} \cdot \int \frac{x^{n-k-1} dx}{\sqrt{(1-x^{2n})}} = \frac{\pi}{2^{nk}} \operatorname{tág} \frac{k\pi}{2n}$$

et outre cela ces deux quotients :

$$\text{I.} \quad \int \frac{x^{n-\alpha-1} dx}{\sqrt{(1-x^{2n})}} : \int \frac{x^{\alpha-1} dx}{\sqrt{(1-x^{2n})}} = \operatorname{tág} \frac{\alpha\pi}{2n},$$

$$\text{II.} \quad \int \frac{x^{n+b-1} dx}{\sqrt{(1-x^{2n})}} : \int \frac{x^{2n-b-1} dx}{\sqrt{(1-x^{2n})}} = \frac{n-b}{b} \operatorname{tág} \frac{b\pi}{2n};$$

combinons le produit avec le premier quotient, en posant $\alpha = n-k$ et nous aurons en les multipliant

$$\int \frac{x^{n+k-1} dx}{\sqrt{(1-x^{2n})}} \cdot \int \frac{x^{k-1}}{\sqrt{(1-x^{2n})}} = \frac{\pi}{2nk}.$$

Ensuite pour le second quotient posons $b = n - k$, et en multipliant nous aurons :

$$\int \frac{x^{2n-k-1}\,dx}{\sqrt{(1-x^{2n})}} \cdot \int \frac{x^{n-k-1}\,dx}{\sqrt{(1-x^{2n})}} = \frac{\pi}{2n(n-k)}$$

qui ne diffère pas du precedent. Ainsi pour chaque classe nous avons deux produits généraux :

$$\text{I.} \quad \int \frac{x^{n+k-1}\,dx}{\sqrt{(1-x^{2n})}} \cdot \int \frac{x^{n-k-1}\,dx}{\sqrt{(1-x^{2n})}} = \frac{\pi}{2nk}\,\text{tág}\,\frac{k\pi}{2n},$$

$$\text{II.} \quad \int \frac{x^{n+k-1}\,dx}{\sqrt{(1-x^{2n})}} \cdot \int \frac{x^{k-1}\,dx}{\sqrt{(1-x^{2n})}} = \frac{\pi}{2nk},$$

dont le dernier convient avec ceux que j'avois déjà demontrés autrefois.

40. Developpons ces produits pour quelques cas, où n et k sont des nombres entiers ; et nous aurons les reductions suivantes pour le cas $x = 1$.

I. Produits de la forme $\int \frac{x^{m-1}\,dx}{\sqrt{(1-x^4)}}$

$$\int \frac{xx\,dx}{\sqrt{(1-x^4)}} \cdot \int \frac{dx}{\sqrt{(1-x^4)}} = \frac{\pi}{4}\,\text{tág}\,\frac{\pi}{4} = \frac{\pi}{4}.$$

II. Produits de la forme $\int \frac{x^{m-1}\,dx}{\sqrt{(1-x^6)}}$

$$\int \frac{x^3\,dx}{\sqrt{(1-x^6)}} \cdot \int \frac{x\,dx}{\sqrt{(1-x^6)}} = \frac{\pi}{6}\,\text{tág}\,\frac{\pi}{6} = \frac{\pi}{6\sqrt{3}},$$

$$\int \frac{x^4\,dx}{\sqrt{(1-x^6)}} \cdot \int \frac{dx}{\sqrt{(1-x^6)}} = \frac{\pi}{12}\,\text{tág}\,\frac{\pi}{3} = \frac{\pi}{4\sqrt{3}};$$

$$\int \frac{x^3\,dx}{\sqrt{(1-x^6)}} \cdot \int \frac{dx}{\sqrt{(1-x^6)}} = \frac{\pi}{6},$$

$$\int \frac{x^4\,dx}{\sqrt{(1-x^6)}} \cdot \int \frac{x\,dx}{\sqrt{(1-x^6)}} = \frac{\pi}{12}.$$

III. Produits de la forme $\int \frac{x^{m-1}\,dx}{\sqrt{(1-x^8)}}$:

$$\int \frac{x^4\,dx}{\sqrt{(1-x^8)}} \cdot \int \frac{x^2\,dx}{\sqrt{(1-x^8)}} = \frac{\pi}{8}\,\text{tág}\,\frac{\pi}{8},$$

$$\int \frac{x^5\,dx}{\sqrt{(1-x^8)}} \cdot \int \frac{x\,dx}{\sqrt{(1-x^8)}} = \frac{\pi}{16}\,\text{tág}\,\frac{\pi}{4} = \frac{\pi}{16},$$

$$\int \frac{x^6\,dx}{\sqrt{(1-x^8)}} \cdot \int \frac{dx}{\sqrt{(1-x^8)}} = \frac{\pi}{24}\,\text{tág}\,\frac{3\pi}{8},$$

$$\int \frac{x^4\,dx}{\sqrt{(1-x^8)}} \cdot \int \frac{dx}{\sqrt{(1-x^8)}} = \frac{\pi}{8},$$

$$\int \frac{x^5\,dx}{\sqrt{(1-x^8)}} \cdot \int \frac{x\,dx}{\sqrt{(1-x^8)}} = \frac{\pi}{16},$$

$$\int \frac{x^6\,dx}{\sqrt{(1-x^8)}} \cdot \int \frac{x^2\,dx}{\sqrt{(1-x^8)}} = \frac{\pi}{24}.$$

IV. Produits de la forme $\int \frac{x^{m-1}\,dx}{\sqrt{(1-x^{10})}}$:

$$\int \frac{x^5\,dx}{\sqrt{(1-x^{10})}} \cdot \int \frac{x^3\,dx}{\sqrt{(1-x^{10})}} = \frac{\pi}{10}\,\text{tág}\,\frac{\pi}{10},$$

$$\int \frac{x^6\,dx}{\sqrt{(1-x^{10})}} \cdot \int \frac{x^2\,dx}{\sqrt{(1-x^{10})}} = \frac{\pi}{20}\,\text{tág}\,\frac{\pi}{5},$$

$$\int \frac{x^7\,dx}{\sqrt{(1-x^{10})}} \cdot \int \frac{x\,dx}{\sqrt{(1-x^{10})}} = \frac{\pi}{30}\,\text{tág}\,\frac{3\pi}{10},$$

$$\int \frac{x^8\,dx}{\sqrt{(1-x^{10})}} \cdot \int \frac{dx}{\sqrt{(1-x^{10})}} = \frac{\pi}{40}\,\text{tág}\,\frac{2\pi}{5},$$

$$\int \frac{x^5\,dx}{\sqrt{(1-x^{10})}} \cdot \int \frac{dx}{\sqrt{(1-x^{10})}} = \frac{\pi}{10},$$

$$\int \frac{x^6\,dx}{\sqrt{(1-x^{10})}} \cdot \int \frac{x\,dx}{\sqrt{(1-x^{10})}} = \frac{\pi}{20},$$

$$\int \frac{x^7\,dx}{\sqrt{(1-x^{10})}} \cdot \int \frac{x^2\,dx}{\sqrt{(1-x^{10})}} = \frac{\pi}{30},$$

$$\int \frac{x^8\,dx}{\sqrt{(1-x^{10})}} \cdot \int \frac{x^3\,dx}{\sqrt{(1-x^{10})}} = \frac{\pi}{40}.$$

41. Après ces integrations des formules qui sont toutes comprises

dans cette generale $\int x^{m-1}dx(1-x^n)^k$, et qu'on peut nommer algebriques, puisque dx y est multiplié par une fonction algebrique de x, je passe comme je me suis proposé à considérer encore quelques formules integrales, où le differentiel dx est multiplié par une fonction transcendante de x, et dont l'integrale dans un certain cas se peut exprimer ou algebriquement ou par la quadrature du cercle. Ces cas sont d'autant plus remarquables, qu'il nous manque encore des methodes pour les traiter ; et partant les observations suivantes serviront peut-être à decouvrir de telles methodes.

42. Je ne m'arreterai pas ici à cette formule integrale assez connue $\int dx \left(l\frac{1}{x}\right)^n$, dont on sait que la valeur au cas, qu'on met apres l'integration $x=1$, devient $=1.2.3\ldots n$; de sorte que cette valeur peut être assignée toutes les fois que l'exposant n est un nombre entier. Mais quand n est une fraction, la valeur est beaucoup plus difficile à assigner. Ainsi si $n=\frac{1}{2}$, j'ai demontré que la valeur de l'integrale $\int dx\sqrt{l\frac{1}{x}}$ au cas $x=1$ est $=\frac{1}{2}\sqrt{\pi}$. De là on tire aisément ces integrations qui en dependent :

$$\int dx\left(l\frac{1}{x}\right)^{\frac{1}{2}}=\frac{1}{2}\sqrt{\pi},$$

$$\int dx\left(l\frac{1}{x}\right)^{\frac{3}{2}}=\frac{1.3}{2.2}\sqrt{\pi},$$

$$\int dx\left(l\frac{1}{x}\right)^{\frac{5}{2}}=\frac{1.3.5}{2.2.2}\sqrt{\pi},$$

$$\int dx\left(l\frac{1}{x}\right)^{\frac{7}{2}}=\frac{1.3.5.7}{2.2.2.2}\sqrt{\pi},$$

puisqu'il y a en general

$$\int dx\left(l\frac{1}{x}\right)^{m}=x\left(l\frac{1}{x}\right)^{m}+m\int dx\left(l\frac{1}{x}\right)^{m-1}.$$

Donc, posant après l'intégration $x = 1$ à cause de $l\,\frac{1}{x} = 0$, on aura

$$\int dx\left(l\,\frac{1}{x}\right)^{m} = m\int dx\left(l\,\frac{1}{x}\right)^{m-1}.$$

43. Cette intégration du cas de $n = \frac{1}{2}$ peut s'exprimer de cette manière,

$$\int dx\left(l\,\frac{1}{x}\right)^{\frac{1}{2}} = \sqrt[2]{\frac{1}{2}}\int\frac{dx}{\sqrt{(1-xx)}} \quad \text{posant } x = 1,$$

et pour les autres fractions mises pour n, j'ai trouvé les reductions suivantes :

$$\int dx\left(l\,\frac{1}{x}\right)^{\frac{1}{3}} = \sqrt[3]{\frac{1}{3}}\int\frac{dx}{\sqrt[3]{(1-x^3)^2}}\cdot\int\frac{x\,dx}{\sqrt[3]{(1-x^3)^2}},$$

$$\int dx\left(l\,\frac{1}{x}\right)^{\frac{2}{3}} = 2\sqrt[3]{\frac{1}{3}}\int\frac{x\,dx}{\sqrt[3]{(1-x^3)}}\cdot\int\frac{x^3\,dx}{\sqrt[3]{(1-x^3)}},$$

$$\int dx\left(l\,\frac{1}{x}\right)^{\frac{1}{4}} = \sqrt[4]{\frac{1}{4}}\int\frac{dx}{\sqrt[4]{(1-x^4)^3}}\cdot\int\frac{x\,dx}{\sqrt[4]{(1-x^4)^3}}\cdot\int\frac{xx\,dx}{\sqrt[4]{(1-x^4)^3}},$$

$$\int dx\left(l\,\frac{1}{x}\right)^{\frac{2}{4}} = 2\sqrt[4]{\frac{1}{4}}\int\frac{x\,dx}{\sqrt[4]{(1-x^4)^2}}\cdot\int\frac{x^3\,dx}{\sqrt[4]{(1-x^4)^2}}\cdot\int\frac{x^5\,dx}{\sqrt[4]{(1-x^4)^2}},$$

$$\int dx\left(l\,\frac{1}{x}\right)^{\frac{3}{4}} = 3\sqrt[4]{\frac{2}{4}}\int\frac{xx\,dx}{\sqrt[4]{(1-x^4)}}\cdot\int\frac{x^5\,dx}{\sqrt[4]{(1-x^4)}}\cdot\int\frac{x^8\,dx}{\sqrt[4]{(1-x^4)}},$$

$$\int dx\left(l\,\frac{1}{x}\right)^{\frac{1}{5}} = \sqrt[5]{\frac{1}{5}}\int\frac{dx}{\sqrt[5]{(1-x^5)^4}}$$
$$\times\int\frac{x\,dx}{\sqrt[5]{(1-x^5)^4}}\cdot\int\frac{xx\,dx}{\sqrt[5]{(1-x^5)^4}}\cdot\int\frac{x^3\,dx}{\sqrt[5]{(1-x^5)^4}},$$

$$\int dx\left(l\,\frac{1}{x}\right)^{\frac{2}{5}} = 2\sqrt[5]{\frac{1}{5}}\int\frac{x\,dx}{\sqrt[5]{(1-x^5)^3}}$$
$$\times\int\frac{x^3\,dx}{\sqrt[5]{(1-x^5)^3}}\cdot\int\frac{x^5\,dx}{\sqrt[5]{(1-x^5)^3}}\cdot\int\frac{x^7\,dx}{\sqrt[5]{(1-x^5)^3}},$$

$$\int dx\left(l\frac{1}{x}\right)^{\frac{3}{5}} = 3\sqrt[5]{\frac{2}{5}}\int\frac{x^2\,dx}{\sqrt[5]{(1-x^5)^2}}$$

$$\times\int\frac{x^5\,dx}{\sqrt[5]{(1-x^5)^2}}\cdot\int\frac{x^8\,dx}{\sqrt[5]{(1-x^5)^2}}\cdot\int\frac{x^{11}\,dx}{\sqrt[5]{(1-x^5)^2}},$$

$$\int dx\left(l\frac{1}{x}\right)^{\frac{4}{5}} = 4\sqrt[5]{\frac{6}{5}}\int\frac{x^3\,dx}{\sqrt[5]{(1-x^5)}}$$

$$\times\int\frac{x^7\,dx}{\sqrt[5]{(1-x^5)}}\cdot\int\frac{x^{11}\,dx}{\sqrt[5]{(1-x^5)}}\cdot\int\frac{x^{15}\,dx}{\sqrt[5]{(1-x^5)}}.$$

44. Puisqu'il se trouve parmi ces formules, où l'exposant de x est plus grand dans le numerateur, que dans le denominateur, si nous deprimons ces exposans par le secours de cette reduction,

$$\int x^{m-1}dx(1-x^n)^k = \frac{m-n}{m+nk}\int x^{m-n-1}dx(1-x^n)^k,$$

nous trouverons les formules suivantes :

$$\int dx\left(l\frac{1}{x}\right)^{\frac{1}{2}} = \sqrt[2]{\frac{1}{2}}\int\frac{dx}{\sqrt{(1-xx)}},$$

$$\int dx\left(l\frac{1}{x}\right)^{\frac{1}{3}} = \sqrt[3]{\frac{1}{3}}\int\frac{dx}{\sqrt[3]{(1-x^3)^2}}\cdot\int\frac{x\,dx}{\sqrt[3]{(1-x^3)^2}},$$

$$\int dx\left(l\frac{1}{x}\right)^{\frac{2}{3}} = 2\sqrt[3]{\frac{1}{3^2}}\int\frac{dx}{\sqrt[3]{(1-x^3)}}\cdot\int\frac{x\,dx}{\sqrt[3]{(1-x^3)}},$$

$$\int dx\left(l\frac{1}{x}\right)^{\frac{1}{4}} = \sqrt[4]{\frac{1}{4}}\int\frac{dx}{\sqrt[4]{(1-x^4)^3}}\cdot\int\frac{x\,dx}{\sqrt[4]{(1-x^4)^3}}\cdot\int\frac{xx\,dx}{\sqrt[4]{(1-x^4)^3}},$$

$$\int dx\left(l\frac{1}{x}\right)^{\frac{2}{4}} = 2\sqrt[4]{\frac{1}{4^2}}\int\frac{dx}{\sqrt[4]{(1-x^4)^2}}\cdot\int\frac{x\,dx}{\sqrt[4]{(1-x^4)^2}}\cdot\int\frac{xx\,dx}{\sqrt[4]{(1-x^4)^2}},$$

$$\int dx\left(l\frac{1}{x}\right)^{\frac{3}{4}} = 3\sqrt[4]{\frac{2}{4^3}}\int\frac{dx}{\sqrt[4]{(1-x^4)}}\cdot\int\frac{x\,dx}{\sqrt[4]{(1-x^4)}}\cdot\int\frac{xx\,dx}{\sqrt[4]{(1-x^4)}},$$

$$\int dx\left(l\frac{1}{x}\right)^{\frac{1}{5}} = \sqrt[5]{\frac{1}{5}}\int\frac{dx}{\sqrt[5]{(1-x^5)^4}}$$

$$\times\int\frac{x\,dx}{\sqrt[5]{(1-x^5)^4}}\cdot\int\frac{x^2\,dx}{\sqrt[5]{(1-x^5)^4}}\cdot\int\frac{x^3\,dx}{\sqrt[5]{(1-x^5)^4}},$$

$$\int dx\left(l\frac{1}{x}\right)^{\frac{2}{5}}=2\sqrt[5]{\frac{1}{5^2}}\int\frac{dx}{\sqrt[5]{(1-x^5)^3}}$$
$$\times\int\frac{x\,dx}{\sqrt[5]{(1-x^5)^3}}\cdot\int\frac{x^2\,dx}{\sqrt[5]{(1-x^5)^3}}\cdot\int\frac{x^3\,dx}{\sqrt[5]{(1-x^5)^3}},$$

$$\int dx\left(l\frac{1}{x}\right)^{\frac{3}{5}}=3\sqrt[5]{\frac{2}{5^3}}\int\frac{dx}{\sqrt[5]{(1-x^5)^2}}$$
$$\times\int\frac{x\,dx}{\sqrt[5]{(1-x^5)^2}}\cdot\int\frac{x^2\,dx}{\sqrt[5]{(1-x^5)^2}}\cdot\int\frac{x^3\,dx}{\sqrt[5]{(1-x^5)^2}},$$

$$\int dx\left(l\frac{1}{x}\right)^{\frac{4}{5}}=4\sqrt[5]{\frac{6}{5^4}}\int\frac{dx}{\sqrt[5]{(1-x^5)}}$$
$$\times\int\frac{x\,dx}{\sqrt[5]{(1-x^5)}}\cdot\int\frac{x^2\,dx}{\sqrt[5]{(1-x^5)}}\cdot\int\frac{x^3\,dx}{\sqrt[5]{(1-x^5)}}.$$

45. Voilà donc les valeurs de la formule integrale transcendante $\int dx\left(l\frac{1}{x}\right)^n$ lorsque n est une fraction reduite à des valeurs des formules integrales, où dx est multiplié par une fonction algebrique de x. Or parmi ces dernieres formules il y a toujours une qui renferme la quadrature du cercle, puisque

$$\int\frac{x^{m-1}\,dx}{\sqrt[n]{(1-x^n)^m}}=\frac{\pi}{n\,\mathrm{si}\frac{m\pi}{n}}.$$

Ensuite pour pouvoir mieux comparer les autres ensemble, posons dans les formules du § 21 : $2k=2n+m-2\lambda$ pour avoir :

$$\int\frac{x^{n-m-1}\,dx}{\sqrt[n]{(1-x^n)^{\lambda-m}}}\cdot\int\frac{x^{m-1}\,dx}{\sqrt[n]{(1-x^n)^{\lambda}}}=\frac{\pi}{n(n-\lambda)\,\mathrm{si}\frac{m\pi}{n}}.$$

De là nous avons :

I. Si $n=3$:

$$\int\frac{x\,dx}{\sqrt[3]{(1-x^3)}}\cdot\int\frac{dx}{\sqrt[3]{(1-x^3)^2}}=\frac{\pi}{3\,\mathrm{si}\frac{\pi}{3}},$$

II. Si $n=4$:

$$\int \frac{xx\,dx}{\sqrt[4]{(1-x^4)}} \cdot \int \frac{dx}{\sqrt[4]{(1-x^4)^2}} = \frac{\pi}{8\,\mathrm{si}\,\frac{\pi}{4}},$$

$$\int \frac{xx\,dx}{\sqrt[4]{(1-x^4)^2}} \cdot \int \frac{dx}{\sqrt[4]{(1-x^4)^3}} = \frac{\pi}{4\,\mathrm{si}\,\frac{\pi}{4}},$$

$$\int \frac{x\,dx}{\sqrt[4]{(1-x^4)}} \cdot \int \frac{x\,dx}{\sqrt[4]{(1-x^4)^3}} = \frac{\pi}{4\,\mathrm{si}\,\frac{\pi}{2}}.$$

III. Si $n=5$:

$$\int \frac{x^3\,dx}{\sqrt[5]{(1-x^5)}} \cdot \int \frac{dx}{\sqrt[5]{(1-x^5)^2}} = \frac{\pi}{15\,\mathrm{si}\,\frac{\pi}{5}},$$

$$\int \frac{x^3\,dx}{\sqrt[5]{(1-x^5)^2}} \cdot \int \frac{dx}{\sqrt[5]{(1-x^5)^3}} = \frac{\pi}{10\,\mathrm{si}\,\frac{\pi}{5}},$$

$$\int \frac{x^3\,dx}{\sqrt[5]{(1-x^5)^2}} \cdot \int \frac{dx}{\sqrt[5]{(1-x^5)^4}} = \frac{\pi}{5\,\mathrm{si}\,\frac{\pi}{5}},$$

$$\int \frac{x^2\,dx}{\sqrt[5]{(1-x^5)}} \cdot \int \frac{x\,dx}{\sqrt[5]{(1-x^5)^3}} = \frac{\pi}{10\,\mathrm{si}\,\frac{2\pi}{5}},$$

$$\int \frac{x^2\,dx}{\sqrt[5]{(1-x^5)^2}} \cdot \int \frac{x\,dx}{\sqrt[5]{(1-x^5)^4}} = \frac{\pi}{5\,\mathrm{si}\,\frac{2\pi}{5}},$$

$$\int \frac{x\,dx}{\sqrt[5]{(1-x^5)}} \cdot \int \frac{x^2\,dx}{\sqrt[5]{(1-x^5)^4}} = \frac{\pi}{5\,\mathrm{si}\,\frac{3\pi}{5}}.$$

46. De là nous voyons, que multipliant toutes les formules du meme ordre ensemble, le produit se reduit à la quadrature du

cercle; ainsi nous aurons

$$\int dx\left(l\frac{1}{x}\right)^{\frac{1}{2}}=\frac{1}{2}\sqrt{\pi},$$

$$\int dx\left(l\frac{1}{x}\right)^{\frac{1}{3}}\int dx\left(l\frac{1}{x}\right)^{\frac{2}{3}}=\frac{2}{9\,\mathrm{si}\,\frac{3}{\pi}}\cdot\pi=\frac{2}{3^2}\sqrt{\frac{4\pi^2}{3}},$$

$$\int dx\left(l\frac{1}{x}\right)^{\frac{1}{4}}\cdot\int dx\left(l\frac{1}{x}\right)^{\frac{2}{4}}\cdot\int dx\left(l\frac{1}{x}\right)^{\frac{3}{4}}=\frac{6\pi\sqrt{\pi}}{4^3\,\mathrm{si}\,\frac{\pi}{4}}=\frac{6}{4^3}\sqrt{\frac{8\pi^3}{4}}.$$

$$\int dx\left(l\frac{1}{x}\right)^{\frac{1}{5}}\cdot\int dx\left(l\frac{1}{x}\right)^{\frac{2}{5}}\cdot\int dx\left(l\frac{1}{x}\right)^{\frac{3}{5}}\cdot\int dx\left(l\frac{1}{x}\right)^{\frac{4}{5}}$$
$$=\frac{24\pi^2}{5^4\,\mathrm{si}\,\frac{\pi}{5}\,\mathrm{si}\,\frac{2\pi}{5}}=\frac{24}{5^4}\sqrt{\frac{16\pi^4}{5}},$$

$$\int dx\left(l\frac{1}{x}\right)^{\frac{1}{6}}\cdot\int dx\left(l\frac{1}{x}\right)^{\frac{2}{6}}\cdot\int dx\left(l\frac{1}{x}\right)^{\frac{3}{6}}\cdot\int dx\left(l\frac{1}{x}\right)^{\frac{4}{6}}\cdot\int dx\left(l\frac{1}{x}\right)^{\frac{5}{6}}$$
$$=\frac{120\pi^2\sqrt{\pi}}{6^5\,\mathrm{si}\,\frac{\pi}{6}\,\mathrm{si}\,\frac{2\pi}{6}}=\frac{120}{6^5}\sqrt{\frac{32\pi^5}{6}}.$$

De là nous concluons qu'il y aura en general

$$\int dx\left(l\frac{1}{x}\right)^{\frac{1}{n}}\int dx\left(l\frac{1}{x}\right)^{\frac{2}{n}}\cdots\int dx\left(l\frac{1}{x}\right)^{\frac{n-1}{n}}=\frac{1.2.3\ldots(n-1)}{n^{n-1}}\sqrt{\frac{2^{n-1}\pi^{n-1}}{n}},$$

lequel theoreme est tout à fait digne d'attention.

47. La comparaison de ces formules peut être poussée plus loin, en considerant ce theoreme general,

$$\int\frac{x^{\alpha-1}dx}{\sqrt[n]{(1-x^n)^\beta}}=\int\frac{x^{n-\beta-1}dx}{\sqrt[n]{(1-x^n)^{n-\alpha}}},$$

d'où le theoreme precedent, tiré du § 21, se change aussi en d'autres formes. Ensuite les formules du § 29 fournissent les comparaisons suivantes :

$$\int \frac{x^{k-1}\,dx}{\sqrt[n]{(1-x^n)^{m+k}}} : \int \frac{x^{m-1}\,dx}{\sqrt[n]{(1-x^n)^{m+k}}} = \text{si}\,\frac{m\pi}{n} : \text{si}\,\frac{k\pi}{n},$$

$$\int \frac{x^{k-1}\,dx}{\sqrt[n]{(1-x^n)^{n+k-m}}} : \int \frac{x^{n-m-1}\,dx}{\sqrt[n]{(1-x^n)^{n+k-m}}} = \text{si}\,\frac{m\pi}{n} : \text{si}\,\frac{k\pi}{n},$$

$$\int \frac{x^{n-k-1}\,dx}{\sqrt[n]{(1-x^n)^{n+m-k}}} : \int \frac{x^{m-1}\,dx}{\sqrt[n]{(1-x^n)^{n+m-k}}} = \text{si}\,\frac{m\pi}{n} : \text{si}\,\frac{k\pi}{n},$$

$$\int \frac{x^{n-k-1}\,dx}{\sqrt[n]{(1-x^n)^{2n-m-k}}} : \int \frac{x^{n-m-1}\,dx}{\sqrt[n]{(1-x^n)^{2n-m-k}}} = \text{si}\,\frac{m\pi}{n} : \text{si}\,\frac{k\pi}{n},$$

dont les dernieres se deduisent de la premiere, puisqu'au lieu de m et k on peut mettre $n-m$ et $n-k$.

48. Maintenant puisque $\int \frac{x^{m-1}\,dx}{\sqrt[n]{(1-x^n)^{m+k}}} = \frac{n-k}{m} \int \frac{x^{m+n-1}\,dx}{\sqrt[n]{(1-x^n)^{m+k}}}$, on aura encore cette comparaison

$$\int \frac{x^{k-1}\,dx}{\sqrt[n]{(1-x^n)^{m+k}}} : \int \frac{x^{m+n-1}\,dx}{\sqrt[n]{(1-x^n)^{m+k}}} = \frac{n-k}{m}\,\text{si}\,\frac{m\pi}{n} : \text{si}\,\frac{k\pi}{n},$$

et prenant pour m un nombre negatif

$$\int \frac{x^{k-1}\,dx}{\sqrt[n]{(1-x^n)^{k-m}}} : \int \frac{x^{n-m-1}\,dx}{\sqrt[n]{(1-x^n)^{k-m}}} = \frac{n-k}{m}\,\text{si}\,\frac{m\pi}{n} : \text{si}\,\frac{k\pi}{n},$$

d'où nous tirons les comparaisons particulieres suivantes

$$\int \frac{x\,dx}{\sqrt[4]{(1-x^4)^3}} : \int \frac{dx}{\sqrt[4]{(1-x^4)^3}} = \text{si}\,\frac{\pi}{4} : \text{si}\,\frac{\pi}{2} = 1 : \sqrt{2},$$

$$\int \frac{xx\,dx}{\sqrt[5]{(1-x^5)^4}} : \int \frac{dx}{\sqrt[5]{(1-x^5)^4}} = \text{si}\,\frac{\pi}{5} : \text{si}\,\frac{2\pi}{5},$$

$$\int \frac{x\,dx}{\sqrt[5]{(1-x^5)^3}} : \int \frac{dx}{\sqrt[5]{(1-x^5)^3}} = \text{si}\,\frac{\pi}{5} : \text{si}\,\frac{2\pi}{5},$$

$$\int \frac{x^2\,dx}{\sqrt[5]{(1-x^5)^2}} : \int \frac{x^3\,dx}{\sqrt[5]{(1-x^5)^2}} = 2\,\text{si}\,\frac{\pi}{5} : \text{si}\,\frac{2\pi}{5},$$

$$\int \frac{x\,dx}{\sqrt[5]{(1-x^5)}} : \int \frac{x^3\,dx}{\sqrt[5]{(1-x^5)}} = 3\,\text{si}\,\frac{\pi}{5} : \frac{2\pi}{5}.$$

49. Pour faire voir l'usage de ces reductions considerons les formules particulieres qui entrent dans les expressions des formules

$$\int dx\left(l\frac{1}{x}\right)^{\frac{1}{5}};\quad \int dx\left(l\frac{1}{x}\right)^{\frac{2}{5}};\quad \int dx\left(l\frac{1}{x}\right)^{\frac{3}{5}};\quad \int dx\left(l\frac{1}{x}\right)^{\frac{4}{5}}.$$

Et d'abord le nombre de toutes les dites formules etant 16, il y a 4 qui dependent de la quadrature du cercle.

$$\int\frac{dx}{\sqrt[5]{(1-x^5)}}=\frac{\pi}{5\,\text{si}\,\frac{\pi}{5}};\quad \int\frac{x\,dx}{\sqrt[5]{(1-{}^5)^2}}=\frac{\pi}{5\,\text{si}\,\frac{2\pi}{5}},$$

$$\int\frac{xx\,dx}{\sqrt[5]{(1-x^5)^3}}=\frac{\pi}{5\,\text{si}\,\frac{3\pi}{5}}=\frac{\pi}{5\,\text{si}\,\frac{2\pi}{5}};\quad \int\frac{x^3\,dx}{\sqrt[5]{(1-x^5)^4}}=\frac{\pi}{5\,\text{si}\,\frac{4\pi}{5}}=\frac{\pi}{5\,\text{si}\,\frac{\pi}{5}}.$$

Pour les autres 12, la reduction generale fournit

$$\int\frac{x\,dx}{\sqrt[5]{(1-x^5)^4}}=\int\frac{dx}{\sqrt[5]{(1-x^5)^3}},$$

$$\int\frac{x^2\,dx}{\sqrt[5]{(1-x^5)^4}}=\int\frac{dx}{\sqrt[5]{(1-x^5)^2}},$$

$$\int\frac{x^3\,dx}{\sqrt[5]{(1-x^5)^3}}=\int\frac{x\,dx}{\sqrt[5]{(1-x^5)}},$$

$$\int\frac{x^3\,dx}{\sqrt[5]{(1-x^5)^2}}=\int\frac{x^2\,dx}{\sqrt[5]{(1-x^5)}}.$$

Ensuite nous venons de trouver

$$\int\frac{xx\,dx}{\sqrt[5]{(1-x^5)^4}}=\frac{\text{si}\,\frac{1}{5}\pi}{\text{si}\,\frac{2}{5}\pi}\int\frac{dx}{\sqrt[5]{(1-x^5)^4}},$$

$$\int\frac{x\,dx}{\sqrt[5]{(1-x^5)^3}}=\frac{\text{si}\,\frac{1}{5}\pi}{\text{si}\,\frac{2}{5}\pi}\int\frac{dx}{\sqrt[5]{(1-x^5)^3}},$$

$$\int \frac{xx\,dx}{\sqrt[5]{(1-x^5)^2}} = \frac{2\,\mathrm{si}\,\frac{1}{5}\pi}{\mathrm{si}\,\frac{2}{5}\pi} \int \frac{x^3\,dx}{\sqrt[5]{(1-x^5)^2}}.$$

$$\int \frac{x\,dx}{\sqrt[5]{(1-x^5)}} = \frac{3\,\mathrm{si}\,\frac{1}{5}\pi}{\mathrm{si}\,\frac{2}{5}\pi} \int \frac{x^3\,dx}{\sqrt[5]{(1-x^5)}},$$

auxquelles on peut ajouter les produits de deux telles formules rapportées au § 45 pour le cas $n = 5$.

50. Si nous examinons toutes ces egalités, nous trouvons que ces 12 formules se reduisent à deux; posons pour abreger

$$y = \frac{1}{\sqrt[5]{(1-x^5)}}, \quad \alpha = \mathrm{si}\,\frac{\pi}{5} \quad \text{et} \quad \beta = \mathrm{si}\,\frac{2\pi}{5},$$

et toutes nos formules peuvent ètre reduites à la quadrature du cercle et à ces deux

$$\textstyle\int yy\,dx \text{ et } \int y^3\,dx.$$

De cette maniere :

$$\int y^4\,dx = \frac{\beta}{\alpha} \int yy\,dx; \qquad \int xy^4\,dx = \int y^3\,dx;$$

$$\int x^2y^4\,dx = \int yy\,dx; \qquad \int x^3y^4\,dx = \frac{\pi}{5\alpha};$$

$$\int xy^3\,dx = \frac{\alpha}{\beta} \int y^3\,dx; \qquad \int x^2y^3\,dx = \frac{\pi}{5\beta};$$

$$\int x^3y^3\,dx = \frac{\pi}{5\beta \int yy\,dy};$$

$$\int xy^2\,dx = \frac{\pi}{5\beta}; \qquad \int x^2y^2\,dx = \frac{\pi}{5\beta \int y^3\,dx};$$

$$\int x^3y^2\,dx = \frac{\pi}{10\alpha \int y^3\,dx};$$

$$\int y\,dx = \frac{\pi}{5\alpha}; \qquad \int xy\,dx = \frac{\pi}{5\beta \int yy\,dx};$$

$$\int x^2y\,dx = \frac{\pi}{10\alpha \int y^3\,dx}; \qquad \int x^3y\,dx = \frac{\pi}{15\alpha \int yy\,dx}.$$

Soit donc

$$\int yy\,dx = A \quad \text{et} \quad \int y^3\,dx = B,$$

et les valeurs de nos formules transcendantes seront

$$\int dx\left(l\frac{1}{x}\right)^{\frac{1}{5}} = \sqrt[5]{\frac{\beta\pi AAB}{5^2\alpha\alpha}},$$

$$\int dx\left(l\frac{1}{x}\right)^{\frac{2}{5}} = 2\sqrt[5]{\frac{\alpha\pi^2 BB}{5^4\beta^3 A}},$$

$$\int dx\left(l\frac{1}{x}\right)^{\frac{3}{5}} = 3\sqrt[5]{\frac{\pi^3 A}{5^6\alpha\beta^2 BB}},$$

$$\int dx\left(l\frac{1}{x}\right)^{\frac{4}{5}} = 4\sqrt[5]{\frac{\pi^4}{5^8\alpha^3\beta AAB}}.$$

51. De là nous voyons que non seulement le produit de toutes ces quatre formules depend uniquement de la quadrature du cercle, mais aussi le produit de deux, dont les exposans sont ensemble l'unité, savoir :

$$\int dx\left(l\frac{1}{x}\right)^{\frac{1}{5}} \cdot \int dx\left(l\frac{1}{x}\right)^{\frac{4}{5}} = \frac{4\pi}{5^2 \operatorname{si}\frac{\pi}{5}}$$

$$\int dx\left(l\frac{1}{x}\right)^{\frac{2}{5}} \cdot \int dx\left(l\frac{1}{x}\right)^{\frac{3}{5}} = \frac{6\pi}{5^2 \operatorname{si}\frac{2\pi}{5}}.$$

Outre cela nous en pouvons deduire ces egalités

$$\left[\int dx\left(l\frac{1}{x}\right)^{\frac{1}{5}}\right]^2 : \int dx\left(l\frac{1}{x}\right)^{\frac{2}{5}} = \frac{1}{2}\int\frac{dx}{\sqrt[5]{(1-x^5)^4}} = \frac{\beta A}{2\pi}$$

$$\int dx\left(l\frac{1}{x}\right)^{\frac{1}{5}} \cdot \left[\int dx\left(l\frac{1}{x}\right)^{\frac{2}{5}}\right]^2 = \frac{4\pi B}{5^2\beta} = \frac{4\pi}{5^2 \operatorname{si}\frac{2\pi}{5}}\int\frac{dx}{\sqrt[5]{(1-x^5)^3}}.$$

52. Si nous joignons ces determinations aux precedentes, nous en pourrons tirer les conclusions generales suivantes :

$$\int dx\left(l\frac{1}{x}\right)^{\frac{1}{2}} \cdot \int dx\left(l\frac{1}{x}\right)^{\frac{1}{2}} = \frac{\pi}{2^2 \operatorname{si}\frac{\pi}{2}},$$

$$\int dx\left(l\frac{1}{x}\right)^{\frac{1}{3}} \cdot \int dx\left(l\frac{1}{x}\right)^{\frac{2}{3}} = \frac{2\pi}{3^2 \operatorname{si}\frac{\pi}{3}},$$

$$\int dx\left(l\frac{1}{x}\right)^{\frac{1}{4}} \cdot \int dx\left(l\frac{1}{x}\right)^{\frac{3}{4}} = \frac{3\pi}{4^2 \operatorname{si}\frac{\pi}{4}},$$

$$\int dx\left(l\frac{1}{x}\right)^{\frac{1}{5}} \cdot \int dx\left(l\frac{1}{x}\right)^{\frac{4}{5}} = \frac{4\pi}{5^2 \operatorname{si}\frac{\pi}{5}},$$

$$\int dx\left(l\frac{1}{x}\right)^{\frac{2}{5}} \cdot \int dx\left(l\frac{1}{x}\right)^{\frac{3}{5}} = \frac{6\pi}{5^2 \operatorname{si}\frac{2\pi}{5}}.$$

et en general

$$\int dx\left(l\frac{1}{x}\right)^{\frac{m}{n}} \cdot \int dx\left(l\frac{1}{x}\right)^{\frac{n-m}{n}} = \frac{m(n-m)\pi}{nn \operatorname{si}\frac{m\pi}{n}}.$$

Donc puisque

$$\int dx\left(l\frac{1}{x}\right)^{\frac{n-m}{n}} = \frac{n-m}{n}\int dx\left(l\frac{1}{x}\right)^{-\frac{m}{n}}$$

nous aurons

$$\int dx\left(l\frac{1}{x}\right)^{\frac{m}{n}} \cdot \int dx\left(l\frac{1}{x}\right)^{-\frac{m}{n}} = \frac{m\pi}{n \operatorname{si}\frac{m\pi}{n}} = m\int\frac{x^{m-1}\,dx}{\sqrt[n]{(1-x^n)^m}}.$$

53. Cette derniere egalité se peut aisement demontrer imme-

diatement en developpant le cas le plus simple où l'exposant est un nombre entier :

$$\int dx\left(l\frac{1}{x}\right)^{\lambda} = 1.2.3\ldots\lambda.$$

Or cette expression terminée se peut exprimer par un produit infini comme :

$$\int dx\left(l\frac{1}{x}\right)^{\lambda} = \left(\frac{2}{1}\right)^{\lambda}\cdot\frac{1}{1+\lambda}\cdot\left(\frac{3}{2}\right)^{\lambda}\cdot\frac{2}{2+\lambda}\cdot\left(\frac{4}{3}\right)^{\lambda}\cdot\frac{3}{3+\lambda}\text{ etc.}$$

Posons maintenant $\lambda = \frac{m}{n}$ pour avoir :

$$\int dx\left(l\frac{1}{x}\right)^{\frac{m}{n}} = \left(\frac{2}{1}\right)^{\frac{m}{n}}\cdot\frac{n}{n+m}\cdot\left(\frac{3}{2}\right)^{\frac{m}{n}}\cdot\frac{2n}{2n+m}\cdot\left(\frac{4}{3}\right)^{\frac{m}{n}}\frac{3n}{3n+m}\cdot\text{etc.}$$

et faisons aussi m negatif :

$$\int dx\left(l\frac{1}{x}\right)^{-\frac{m}{n}} = \left(\frac{2}{1}\right)^{-\frac{m}{n}}\cdot\frac{n}{n-m}\cdot\left(\frac{3}{2}\right)^{-\frac{m}{n}}\cdot\frac{2n}{2n-m}\cdot\left(\frac{4}{3}\right)^{-\frac{m}{n}}\cdot\frac{3n}{3n-m}\text{ etc.}$$

Le produit de ces deux formules donne ouvertement

$$\frac{nn}{nn-mm}\cdot\frac{4nn}{4nn-mm}\cdot\frac{9nn}{9nn-mm}\text{ etc.} = \frac{m\pi}{n\,\text{si}\,\frac{m\pi}{n}}\cdot$$

54. Nous pouvons pousser plus loin ces recherches, car puisque

$$\int dx\left(l\frac{1}{x}\right)^{\frac{p}{n}} = \left(\frac{2}{1}\right)^{\frac{p}{n}}\cdot\frac{n}{n+p}\cdot\left(\frac{3}{2}\right)^{\frac{p}{n}}\frac{2n}{2n+p}\text{ etc.,}$$

$$\int dx\left(l\frac{1}{x}\right)^{\frac{q}{n}} = \left(\frac{2}{1}\right)^{\frac{q}{n}}\cdot\frac{n}{n+q}\cdot\left(\frac{3}{2}\right)^{\frac{q}{n}}\frac{2n}{2n+q}\text{ etc.}$$

et

$$\int dx\left(l\frac{1}{x}\right)^{\frac{p+q}{n}} = \left(\frac{2}{1}\right)^{\frac{p+q}{n}}\cdot\frac{n}{n+p+q}\cdot\left(\frac{3}{2}\right)^{\frac{p+q}{n}}\cdot\frac{2n}{2n+p+q}\cdot$$

le produit des deux premieres divisé par la derniere donne

$$\frac{\int dx\left(1\frac{1}{x}\right)^{\frac{p}{n}}\cdot\int dx\left(1\frac{1}{x}\right)^{\frac{q}{n}}}{\int dx\left(1\frac{1}{x}\right)^{\frac{p+q}{n}}} = \frac{n(n+p+q)}{(n+p)(n+q)}\cdot\frac{2n(2n+p+q)}{(2n+p)(2n+q)}\text{ etc.},$$

dont la valeur est

$$q\int\frac{x^{n+p-1}dx}{\sqrt[n]{(1-x^n)^{n-q}}} = \frac{pq}{p+q}\int\frac{x^{p-1}dx}{\sqrt[n]{(1-x^n)^{n-q}}} = \frac{pq}{p+q}\int\frac{x^{q-1}dx}{\sqrt[n]{(1-x^n)^{n-p}}},$$

ou bien aussi $= q\int x^{q-1}dx\sqrt[n]{(1-x^n)^p} = p,\int x^{p-1}dx\sqrt[n]{(1-x^n)^q}$, d'où il s'ensuit la precedente, quand on pose $p = m$ et $q = -m$. De meme on trouvera la valeur de

$$\frac{\int dx\left(1\frac{1}{x}\right)^{\frac{p}{n}}\cdot\int dx\left(1\frac{1}{x}\right)^{\frac{q}{n}}\cdot\int dx\left(1\frac{1}{x}\right)^{r}}{\int dx\left(1\frac{1}{x}\right)^{\frac{p+q+n}{n}}}$$

$$= \frac{pqr}{p+q+r}\int\frac{x^{p-1}dx}{\sqrt[n]{(1-x^n)^{n-q}}}\cdot\int\frac{x^{p+q-1}dx}{\sqrt[n]{(1-x^n)^{n-r}}}.$$

53. Enfin pour finir cette matiere, la sommation des series reciproques des puissances nous fournit encore les valeurs des formules transcendantes suivantes, quand on met apres l'integration $x = 1$,

$$\int\frac{dx}{x}1\frac{1}{1-x} = \frac{\pi^2}{6};\quad \int\frac{dx}{x}1(1+x) = \frac{\pi^2}{12},$$

et

$$\int\frac{dx}{x}1\sqrt{\frac{1+x}{1-x}} = \frac{\pi^2}{8},$$

et ces plus composées

$$\int \frac{dx}{x} \int \frac{dx}{x} \int \frac{dx}{x} \, \mathrm{l} \frac{1}{1-x} = \frac{\pi^4}{90}; \quad \int \frac{dx}{x} \int \frac{dx}{x} \int \frac{dx}{x} \, \mathrm{l}(1+x) = \frac{7\pi^4}{720},$$

$$\int \frac{dx}{x} \int \frac{dx}{x} \, \mathrm{A\,tang}\, x = \frac{\pi^3}{32}; \quad \int \frac{dx}{x} \int \frac{dx}{x} \int \frac{dx}{x} \, \mathrm{l} \sqrt{\frac{1+x}{1-x}} = \frac{\pi^4}{96}.$$

Or il ne paroit aucune route directe, qui nous pourroit mener à ces determinations, ce qui merite par cela meme d'autant plus d'attention.

Extrait du *Bulletin des Sciences mathématiques*, 2e série, t. IV; 1880.

6679 Paris. — Imprimerie de Gauthier-Villars, quai des Augustins, 55.

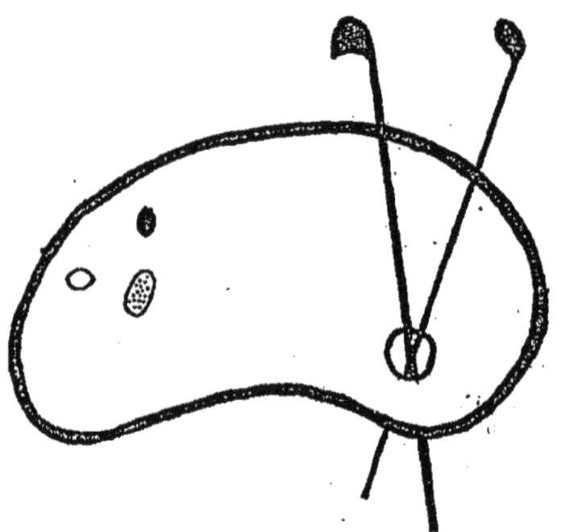

DEBUT D'UNE SERIE DE DOCUMENTS
EN COULEUR

LIBRAIRIE DE GAUTHIER-VILLARS,

QUAI DES AUGUSTINS, 55, A PARIS.

BRIOT (Ch.), Professeur à la Faculté des Sciences. — **Théorie des fonctions abéliennes.** Un beau volume in-4; 1879.................. 15 fr.

DARBOUX (G.) Maître de conférences à l'École Normale supérieure. — **Sur une classe remarquable de courbes et de surfaces algébriques et sur la Théorie des imaginaires.** Grand in-8, avec figures; 1873..... 6 fr.

DUMAS, Secrétaire perpétuel de l'Académie des Sciences. — **Leçons sur la Philosophie chimique** professées au Collège de France en 1836, recueillies par M. *Bineau*. 2ᵉ édition. In-8; 1878.............. 7 fr.

HOÜEL (J.), Professeur de Mathématiques à la Faculté des Sciences de Bordeaux. — **Cours de Calcul infinitésimal.** Quatre beaux volumes grand in-8, avec figures dans le texte; 1878-1880.

On vend séparément :

Tome I; 1878........	15 fr.	Tome III; 1880....	10 fr.
Tome II; 1879........	15 fr.	Tome IV	(*Sous presse.*)

LAISANT, ancien élève de l'École Polytechnique. — **Applications mécaniques du Calcul des quaternions. — Sur un nouveau mode de transformation des courbes et des surfaces** (Thèses). In-4; 1877.... 5 fr.

1ʳᵉ Thèse. — La méthode des quaternions, due à l'illustre géomètre anglais Hamilton, est connue et utilisée depuis longtemps en Angleterre, en Allemagne et en Italie. On l'ignorerait sans doute complétement en France, sans la remarquable exposition qu'a publiée M. J. Hoüel, dans sa quatrième Partie de la *Théorie des quantités complexes* (1874). M. Laisant, dans le travail qu'il a présenté à la Faculté des Sciences de Paris, s'est proposé de compléter l'œuvre de M. Hoüel, qu'il suppose connue, en donnant des applications du calcul d'Hamilton à un certain nombre de questions de Mécanique rationnelle.

LAGRANGE. — **Œuvres complètes de Lagrange**, publiées par les soins de M. *J.-A. Serret*, Membre de l'Institut, sous les auspices du Ministre de l'Instruction publique. TOMES I, II, III, IV, V, VI, VII. In-4, avec un beau portrait de Lagrange, gravé sur cuivre, par M. Ach. Martinet; 1867-1877.

Chaque volume se vend séparément......................... 30 fr.

Les Tomes I à VII forment la 1ʳᵉ Série des *Œuvres de Lagrange*, et comprennent tous les Mémoires publiés séparément.

La IIᵉ Série, qui est sous presse, se composera de 6 volumes, qui renfermeront les Ouvrages didactiques, la Correspondance et les Mémoires inédits, savoir :

TOME VIII : *Résolution des équations numériques*. In-4; 1879..	18 fr.
TOME IX : *Théorie des fonctions analytiques*................	(*Sous presse.*)
TOME X : *Leçons sur le calcul des fonctions*................	(*id.*)
TOME XI : *Mécanique analytique* (1ʳᵉ Partie)...............	(*id.*)
TOME XII : *Mécanique analytique* (2ᵉ Partie)...............	(*id.*)
TOME XIII : *Correspondance et Mémoires inédits*...........	(*id.*)

MANNHEIM (A.), Chef d'escadron d'Artillerie, Professeur à l'École Polytechnique. — **Cours de Géométrie descriptive de l'École Polytechnique**, comprenant les ÉLÉMENTS DE LA GÉOMÉTRIE CINÉMATIQUE. Grand in-8, illustré de 249 figures dans le texte; 1880.................. 17 fr.

TISSERAND, Correspondant de l'Institut, Directeur de l'Observatoire de Toulouse, ancien Maître de Conférences à l'École des Hautes Études de Paris. — **Recueil complémentaire d'Exercices sur le Calcul infinitésimal**, à l'usage des candidats à la licence et à l'agrégation des Sciences mathématiques. (Cet Ouvrage forme une suite naturelle à l'excellent *Recueil d'Exercices* de M. FRENET.) In-8, avec fig. dans le texte; 1876. 7 fr. 50 c.

www.ingramcontent.com/pod-product-compliance
Ingram Content Group UK Ltd.
Pitfield, Milton Keynes, MK11 3LW, UK
UKHW021137230726
13926UKWH00002B/849